Olga Ostapenko

Base científica da avaliação da eficiência energética das instalações de bombas de calor

Olga Ostapenko

Base científica da avaliação da eficiência energética das instalações de bombas de calor

Monografia

ScienciaScripts

Imprint
Any brand names and product names mentioned in this book are subject to trademark, brand or patent protection and are trademarks or registered trademarks of their respective holders. The use of brand names, product names, common names, trade names, product descriptions etc. even without a particular marking in this work is in no way to be construed to mean that such names may be regarded as unrestricted in respect of trademark and brand protection legislation and could thus be used by anyone.

Cover image: www.ingimage.com

This book is a translation from the original published under ISBN 978-3-659-85617-4.

Publisher:
Sciencia Scripts
is a trademark of
Dodo Books Indian Ocean Ltd. and OmniScriptum S.R.L publishing group

120 High Road, East Finchley, London, N2 9ED, United Kingdom
Str. Armeneasca 28/1, office 1, Chisinau MD-2012, Republic of Moldova, Europe
Managing Directors: Ieva Konstantinova, Victoria Ursu
info@omniscriptum.com

Printed at: see last page
ISBN: 978-620-8-53282-6

Índice:

O. Ostapenko, Cand. Sc. (Eng.), Assist. Professor

BASE CIENTÍFICA DA AVALIAÇÃO COMPLEXA DA EFICIÊNCIA ENERGÉTICA DO VAPOR INSTALAÇÕES DE BOMBAS DE CALOR COM COMPRESSOR

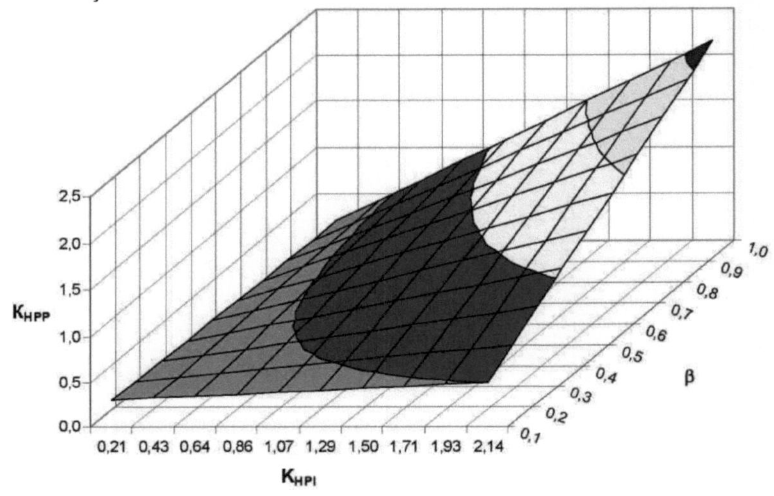

RESUMO

A monografia considera a abordagem sugerida, lidando com a avaliação complexa da eficiência energética de centrais de bombas de calor com compressor de vapor (HPP) com acionamento elétrico, tendo em conta o impacto complexo dos modos de funcionamento variáveis da HPP, fontes de pico de calor da HPP, fontes de energia de acionamento da HPP, tendo em consideração as perdas de energia no processo de geração, fornecimento e conversão de energia eléctrica.

A abordagem, que visa a avaliação complexa da eficiência energética das instalações de bombas de calor com compressor de vapor com acionamento de cogeração, tendo em conta o impacto complexo dos modos de funcionamento variáveis da HPP, as fontes de pico de calor para a HPP, as fontes de energia de acionamento para a HPP de vários níveis de potência, tendo em conta as perdas de energia no processo de produção, fornecimento e conversão de energia eléctrica, é sugerida na monografia.

Palavras chave: avaliação complexa, eficiência energética, central de bomba de calor, critério adimensional de eficiência energética, acionamento elétrico, acionamento de cogeração.

INTRODUÇÃO

A monografia considera a abordagem sugerida, lidando com a avaliação complexa da eficiência energética de centrais de bombas de calor com compressor de vapor (HPP) com acionamento elétrico, tendo em conta o impacto complexo dos modos de funcionamento variáveis da HPP, fontes de pico de calor da HPP, fontes de energia de acionamento da HPP, tendo em consideração as perdas de energia no processo de geração, fornecimento e conversão de energia eléctrica.

São desenvolvidos fundamentos metodológicos, é efectuada uma avaliação complexa da eficiência energética da HPP de compressor de vapor com acionamento elétrico, tendo em conta o impacto complexo dos modos de funcionamento variáveis da HPP, as fontes de pico de calor da HPP, as fontes de energia de acionamento da HPP de compressor de vapor, com a consideração das perdas de energia no processo de produção, fornecimento e conversão de energia eléctrica.

A abordagem, que visa a avaliação complexa da eficiência energética das instalações de bombas de calor com compressor de vapor com acionamento de cogeração, tendo em conta o impacto complexo dos modos de funcionamento variáveis da HPP, as fontes de pico de calor para a HPP, as fontes de energia de acionamento para a HPP de vários níveis de potência, tendo em conta as perdas de energia no processo de produção, fornecimento e conversão de energia eléctrica, é sugerida na monografia.

Foram desenvolvidos os fundamentos metodológicos, foi realizada uma avaliação complexa da eficiência energética da HPP com compressor de vapor com acionamento por cogeração, tendo em conta o impacto complexo dos modos de funcionamento variáveis da HPP, as fontes de pico de calor da HPP, a energia de acionamento geral da HPP com compressor de vapor de vários níveis de potência, tendo em conta as perdas de energia no processo de produção, fornecimento e conversão de energia eléctrica.

Para realizar uma avaliação complexa da eficiência energética de diferentes variantes de UHE com acionamento elétrico e de cogeração, propomos utilizar os resultados das nossas investigações.

Capítulo 1

1 AVALIAÇÃO COMPLEXA DA EFICIÊNCIA ENERGÉTICA DE INSTALAÇÕES DE BOMBAS DE CALOR COM COMPRESSOR DE VAPOR COM ACCIONAMENTO ELÉCTRICO

Como resultado da crise energética que está a ocorrer na Ucrânia, o problema do consumo eficiente dos recursos energéticos e a introdução de tecnologias actuais de poupança de energia tornam-se muito urgentes [1-2]. Uma dessas tecnologias é a utilização de instalações de bombas de calor com compressor de vapor (HPI) com acionamento elétrico, que promoverá a economia de recursos energéticos e de combustível e a proteção do ambiente. A introdução de instalações de bombas de calor, em que a bomba de calor é combinada com uma fonte de calor de pico, produzirá uma maior poupança de energia, de recursos e um efeito económico. É por isso que os estudos sobre a eficiência energética das instalações de bombas de calor são muito actuais.

Nos últimos anos, têm surgido várias publicações que estudam os problemas de eficiência energética das centrais de compressão de vapor [1 - 12]. Em [1], o autor realizou a investigação, visando a melhoria da eficiência e a seleção de parâmetros racionais e modos de funcionamento de instalações de bombas de calor para sistemas de aquecimento e fornecimento de calor para um consumo de combustível equivalente. Em [2] foi efectuada uma análise termodinâmica e exergética da eficiência do ciclo do compressor de vapor da central de bomba de calor de fornecimento de calor. Na investigação [3], os autores analisam a eficiência termodinâmica de instalações de bombas de calor de fornecimento de calor. Na investigação [4] é sugerida uma nova abordagem para a avaliação da eficiência das bombas de calor. A análise termodinâmica de vários tipos de HPI é efectuada em [5]. No entanto, nas investigações [1-5] não são tidas em conta as perdas de energia no processo de produção, fornecimento e conversão de energia eléctrica para HPP a partir de diferentes tipos de centrais eléctricas. No estudo [6] são determinados os modos de funcionamento reais eficientes da HPI com accionamentos eléctricos e de cogeração, tendo em consideração o impacto das fontes de energia de acionamento das bombas de calor com compressor de vapor e as perdas de energia durante a produção, fornecimento e conversão de energia eléctrica para a HPI. As vantagens energéticas das bombas de calor de compressor de vapor com accionamentos eléctricos e de cogeração são analisadas na investigação [7].

Nas publicações [8, 9] são definidas as condições prévias energéticas e económicas para a integração eficiente da HPP nos sistemas de fornecimento de calor de empresas industriais e de serviços públicos de engenharia de energia municipal da Ucrânia. Em [10] é avaliada a eficiência energética, ecológica e económica da HPP com vários tipos de acionamento do compressor, em fontes naturais e industriais de calor de baixa temperatura, tendo em consideração os modos de funcionamento variáveis dos sistemas de fornecimento de calor numa vasta gama de alterações de capacidade da HPI. Os resultados do estudo da eficiência energética da HPP com diferentes fontes de calor, em condições de modos de funcionamento variáveis, são apresentados em [11]. Na investigação [12] é avaliada a eficiência energética e ecológica da HPP com vários tipos de acionamento do compressor, em fontes naturais e industriais de calor de baixa temperatura, em condições de modos de funcionamento variáveis do sistema de fornecimento de calor.

Em [1-12], os autores não realizaram uma avaliação complexa da eficiência energética da HPP com compressor de vapor e acionamento elétrico, tendo em conta o impacto complexo dos modos de funcionamento variáveis da HPP, as fontes de pico de calor da HPP, as fontes de energia de acionamento da HPP com compressor de vapor, tendo em conta as perdas de energia no processo de produção, fornecimento e conversão de energia eléctrica.

O objetivo da investigação é o desenvolvimento dos fundamentos metodológicos e a realização de uma avaliação complexa da eficiência energética das instalações de bombas de calor com compressor de vapor e acionamento elétrico, tendo em conta o impacto complexo dos modos de funcionamento variáveis da HPP, as fontes de pico de calor da HPP, as fontes de energia de acionamento da HPP com compressor de vapor e as perdas de energia no processo de produção, fornecimento e conversão de energia eléctrica.

A investigação contém uma avaliação complexa da eficiência energética da HPP de compressor de vapor com HPI de pequenas (até 1MW) e grandes capacidades com acionamento elétrico. A investigação foi realizada para os casos de utilização na HPI de energia eléctrica de vários tipos de centrais eléctricas e também para os valores médios de eficiência das centrais eléctricas na Ucrânia. Os esquemas destas HPP são apresentados em [8].

A eficiência energética da HPP é largamente determinada pela distribuição óptima da carga entre a instalação da bomba de calor e a fonte de calor de pico (por exemplo, caldeira de água quente alimentada a combustível, caldeira eléctrica, colectores solares, etc.) na HPP. Esta distribuição é caracterizada pela quota de carga da HPI na HPP 0, que é determinada como uma relação entre a capacidade térmica da HPI e a capacidade da HPP 0 = QHPI/QHPP.

A partir da análise dos resultados das pesquisas, realizadas [10-12], são determinados os valores óptimos do índice 0 para HPP com acionamento elétrico, operando com várias fontes de calor em modos de operação variáveis do sistema de aquecimento. Cada um destes modos corresponde a um determinado valor das capacidades térmicas da HPP, da HPI e das quotas de carga 0 da HPI. Os resultados do estudo da eficiência energética da HPP com acionamento elétrico para condições de modos de funcionamento variáveis, para várias fontes de calor de baixa temperatura, são apresentados em [11].

Na nossa investigação é analisada a eficiência energética do sistema "Fonte de energia de acionamento da HPP - HPP - consumidor de calor da HPP" no exemplo das bombas de calor de compressor de vapor com acionamento elétrico. A vantagem desta abordagem é que são tidas em conta as perdas de energia no processo de produção, fornecimento e conversão de energia eléctrica para a HPI e a fonte de calor de pico, a fim de determinar os modos de funcionamento eficientes da HPP com acionamento elétrico.

Sugere-se a realização de uma avaliação complexa da eficiência energética da HPP com compressor de vapor e acionamento elétrico, aplicando um critério complexo sem dimensão da eficiência energética da HPP:

$$K_{HPP} = (1-\beta)\cdot K_{PSH} + \beta\cdot K_{HPI}, \quad (1.1)$$

em que KPSH - critério adimensional de eficiência energética da fonte de calor de pico na HPP (caldeira de água quente alimentada a combustível, caldeira eléctrica, colectores solares, etc.),

KHPI - critério adimensional de eficiência energética do compressor de vapor HPI com acionamento elétrico na HPP.

O critério adimensional da eficiência energética do compressor de vapor HPI com acionamento elétrico KHPI é sugerido na investigação [6]. É obtido com base na equação de balanço energético para o sistema "Fonte de energia de acionamento do HPI - HPI - consumidor de calor do HPI", tendo em conta o impacto das fontes de energia de acionamento do compressor de vapor HPI e tendo em consideração as perdas de energia no processo de geração, fornecimento e conversão de energia eléctrica para o HPI.

Para o compressor de vapor HPI com acionamento elétrico, o critério de eficiência energética sem dimensões terá a forma [6]:

$$K_{HPI} = Q_{HPI}/Q_h = \eta_{EP}\cdot\varphi\cdot\eta_{hf}, \quad (1.2)$$

em que Q_h - potência, gasta na central eléctrica para a produção de energia eléctrica para o acionamento HPI,

η_{EP} - eficiência total da produção, fornecimento e conversão de energia eléctrica a partir de [6],

φ- coeficiente de desempenho do compressor de vapor HPI,

η_{hf} - fator de eficiência do fluxo de calor, que tem em conta as perdas de energia e a substância de trabalho nas tubagens e no equipamento da HPI.

O valor da eficiência total de geração, fornecimento e conversão de energia eléctrica para HPI com acionamento elétrico, de acordo com [6], pode ser definido:

$$\eta_{EP} = \eta_{EPP}\cdot\eta_{DG}\cdot\eta_{ED}, \quad (1.3)$$

em que U EPP - valor médio da eficiência das centrais eléctricas na Ucrânia ou fontes alternativas de energia eléctrica para HPI (com base em instalações de vapor-gás (SGI), instalações de turbinas a gás (GTI), centrais solares de ciclo termodinâmico (SPP), centrais de energia eólica (WEP)), a partir da investigação [6];

η_{DG} - eficiência das redes eléctricas de distribuição na Ucrânia a partir de [6],

η_{ED} - eficiência do motor elétrico, tendo em conta as perdas de energia na unidade de controlo do motor de [6].

Na condição $K_{HPI} = 1$ a instalação da bomba de calor fornece ao consumidor a mesma energia térmica que foi gasta para a produção de energia eléctrica para o acionamento HPI. Quanto maior for o valor deste índice, mais eficiente e competitiva será a bomba de calor.

Em [6] o método de determinação das áreas de utilização eficiente do compressor de vapor HPI com acionamento elétrico pelo índice adimensional de eficiência energética HPI K_{HPI}, tendo em conta o impacto das fontes de energia de acionamento do compressor de vapor HPI e as perdas de energia no processo de geração, fornecimento e conversão de energia eléctrica para HPI.

O critério adimensional da eficiência energética da fonte de calor de pico - caldeira eléctrica - dentro da HPP K_{PSH} pode ser obtido com base na equação do balanço energético para os sistemas "Fonte de energia eléctrica - caldeira eléctrica - consumidor de calor da HPP", tendo em conta o impacto das fontes de energia para a fonte de calor de pico (caldeira eléctrica) e com a conta das perdas de energia no processo de geração e fornecimento de energia eléctrica à caldeira eléctrica.

Para a caldeira eléctrica como fonte de calor de pico para a HPP, o critério de eficiência energética sem dimensão terá a forma:

$$K_{PSH} = Q_{EB}/Q_h = \eta_{EP}^{b} \cdot \eta_{EB}, \qquad (1.4)$$

em que Q_{EB} - potência térmica da caldeira eléctrica de água quente, que pode ser determinada da seguinte forma $Q_{EB} = Q_{HPP} - Q_{HPI}$;

Q_h - potência, gasta na central eléctrica para produção de energia eléctrica,

η^b_{EP} - a eficiência total da produção e fornecimento de energia eléctrica à caldeira eléctrica é determinada, aplicando a fórmula: $\eta^b_{EP} = \eta_{EPP} \cdot \eta_{DG}$,

η_{EB} - eficiência da caldeira eléctrica.

Em seguida, será determinado o critério adimensional da eficiência energética da caldeira eléctrica como fonte de calor de pico para a HPP:

$$K_{PSH} = \eta_{EPP} \cdot \eta_{DG} \cdot \eta_{EB} . \qquad (1.5)$$

O critério adimensional da eficiência energética da fonte de calor de pico - caldeira a combustível de água quente - dentro da HPP K_{PSH} pode ser obtido com base na equação do balanço energético para os sistemas "Fontes de energia eléctrica e combustível - caldeira a combustível - consumidor de calor da HPP", tendo em consideração o impacto das fontes de energia para a fonte de calor de pico (caldeira a combustível) e com a conta das perdas de energia no processo de geração e fornecimento de energia eléctrica à caldeira (casa da caldeira).

Para a caldeira a combustível como fonte de calor de pico para a HPP, o critério adimensional de eficiência energética terá a forma:

$$K_{PSH} = Q_{FB}/Q_f = \eta_{FB}, \qquad (1.6)$$

em que Q_{FB} - potência calorífica da caldeira de água quente alimentada a combustível, que pode ser determinada como $Q_{FB} = Q_{hpp} - Q_{HPI}$;

Q_f - potência, gasta para a produção de energia térmica a partir da queima de combustível na caldeira,

η_{FB} - eficiência da caldeira de água quente alimentada a combustível ou da casa das caldeiras alimentadas a combustível (para centrais hidroeléctricas de grande capacidade).

Para os casos de utilização de fontes alternativas de calor de pico na HPP (por exemplo, colectores solares para HPP de pequena capacidade), o valor do critério adimensional da eficiência energética da fonte de calor de pico para HPP K_{PSH} será igual à eficiência da fonte alternativa de calor de pico η_{APSH} ou à eficiência do sistema adicional com fonte alternativa de calor de pico η^{s}_{APSH}.

Deve notar-se que o critério complexo e adimensional da eficiência energética da HPP K_{HPP} pode também ser utilizado para a seleção da fonte de calor de pico mais eficiente para um determinado tipo de HPP com compressor de vapor.

A abordagem complexa sugerida para a avaliação da eficiência energética de uma HPP com compressor de vapor e acionamento elétrico tem algumas vantagens:

— permite avaliar o impacto complexo dos modos de funcionamento variáveis da HPP, as fontes de pico de calor da HPP, as fontes de energia de acionamento do compressor de vapor da HPP acionada eletricamente, tendo em conta as perdas de energia no processo de produção, fornecimento e conversão de energia eléctrica;

— tem em conta os modos de funcionamento do compressor de vapor HPI;

— tem em conta os modos de funcionamento variáveis da HPP para o fornecimento de calor durante o ano, com a alteração da distribuição da carga entre o compressor de vapor da amónia HPI e a fonte de pico de calor da HPP;

— tem em conta o impacto das fontes de energia de acionamento do compressor de vapor da HPP, com a conta das perdas de energia no processo de produção, fornecimento e conversão de energia eléctrica para a HPP;

— tem em conta a eficiência energética de uma HPP com compressor de vapor de vários níveis de capacidade com acionamento elétrico;

— tem em conta o impacto das fontes de calor de pico do compressor de vapor da HPP e o tipo de energia consumida, com a consideração das perdas de energia no processo de produção e fornecimento de energia às fontes de calor de pico;

— como resultado de uma abordagem complexa da avaliação da eficiência energética de uma central hidroelétrica, é possível escolher a fonte de calor de pico mais eficiente para um determinado tipo de central hidroelétrica com compressor de vapor;

— Os fundamentos metodológicos sugeridos podem ser aplicados para a avaliação da eficiência energética da HPP com compressor de vapor com diferentes refrigerantes, fontes de calor a baixa temperatura e soluções de esquema de HPI;

- permite avaliar de forma complexa a eficiência energética de um número considerável de variantes de UHE com compressor de vapor e acionamento elétrico.

A aplicação dos fundamentos metodológicos sugeridos, no que diz respeito à avaliação complexa da eficiência energética da HPP com acionamento elétrico, será demonstrada em exemplos específicos.

As Figs. 1.1-1.3 mostram os resultados da avaliação complexa da eficiência energética da HPP de pequena capacidade com acionamento elétrico. A figura mostra os valores do critério adimensional da eficiência energética da HPP com acionamento elétrico KHPP para os casos de carga variável da HPI dentro da HPP com os valores da quota de carga da HPI no intervalo de 0 = 0,1...1,0. Os valores do critério adimensional de eficiência energética do compressor de vapor HPI com acionamento elétrico KHPI, de acordo com a investigação [6], são determinados para os valores do coeficiente de desempenho real da HPI no intervalo φ_r = 0,6.6,0. A fonte de calor de pico da HPP para estas condições é fornecida por uma caldeira eléctrica com η_{EB} = 0,95. Ac

De acordo com [6], foi considerado o valor da eficiência das redes eléctricas de distribuição na Ucrânia η_{DG} = 0,875.

A Fig. 1.1 mostra os valores do critério adimensional da eficiência energética de uma UHE de pequena capacidade com acionamento elétrico, na condição de consumo de energia eléctrica do sistema energético da Ucrânia. Nesta investigação, de acordo com [6], são considerados os seguintes valores: valor médio da eficiência das centrais eléctricas na Ucrânia η_{EPP} = 0,383 e o valor da eficiência total da produção, fornecimento e conversão de energia eléctrica para a PCH de pequena capacidade com acionamento elétrico η_{EP} = 0,268.

A Fig. 1.2 mostra os valores do critério adimensional de eficiência energética da UHE de pequena capacidade com acionamento elétrico, na condição de consumo de energia elétrica do SGI. De acordo com [6], nesta investigação são considerados os seguintes valores: valor da eficiência do SGI $\eta_{EPP} = \eta_{SGI} = 0{,}55$ e o valor da eficiência total de geração, fornecimento e conversão de energia eléctrica para a PCH de pequena capacidade com acionamento elétrico $\eta_{EP} = 0{,}385$.

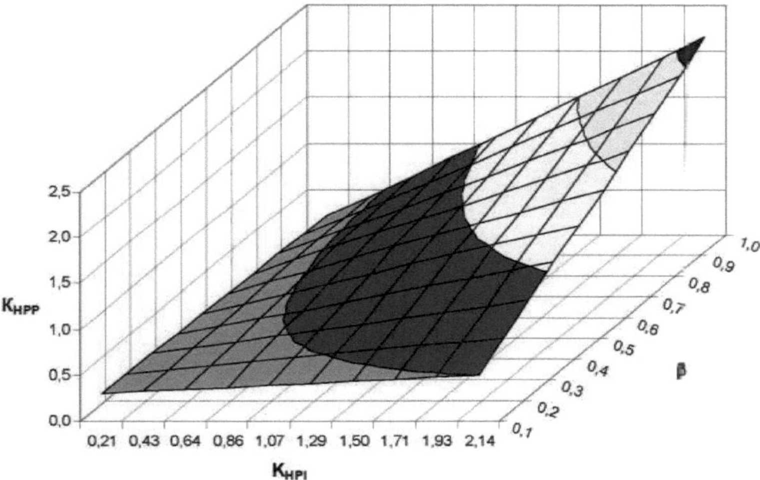

Fig. 1.1 - Valores do critério adimensional de eficiência energética de UHE de pequena capacidade com acionamento elétrico para os casos de carga variável HPI, na condição de consumo de energia eléctrica do sistema energético sistema energético da Ucrânia

A Fig. 1.3 mostra os valores do critério adimensional de eficiência energética da UHE de pequena capacidade com acionamento elétrico, na condição de consumo de energia elétrica do GTI. Na pesquisa apresentada em , de acordo com [6], são considerados os seguintes valores: valor da eficiência do GTI $\eta_{EPP} = \eta_{GTI} = 0{,}33$ e o valor da total de geração, fornecimento e conversão de energia eléctrica para a PCH de pequena capacidade com acionamento elétrico $\eta_{EP} = 0{,}231$.

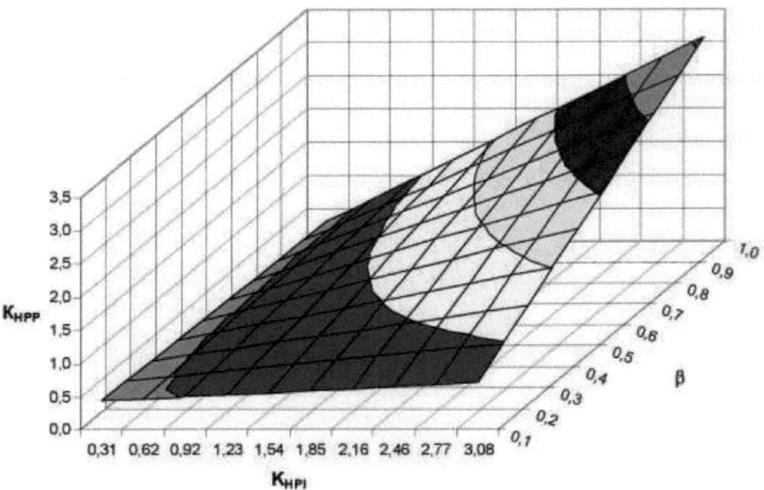

Fig. 1.2- Valores do critério adimensional de eficiência energética de UHE de pequena capacidade com acionamento elétrico para os casos de carga variável da HPI, na condição de consumo de energia eléctrica do SGI

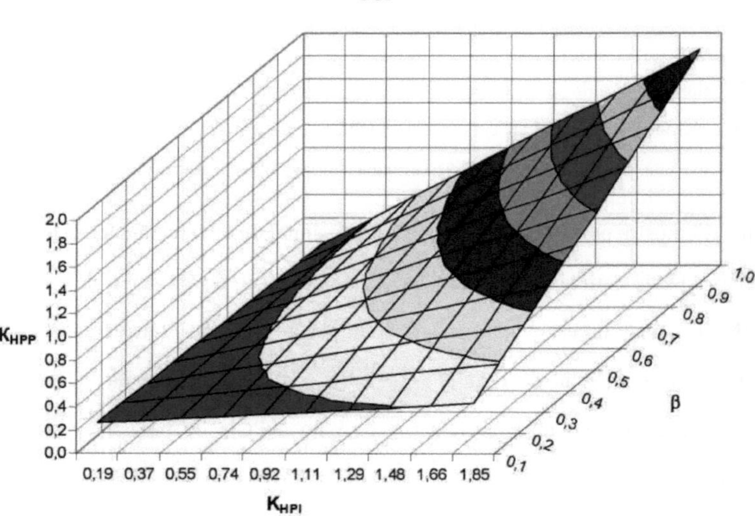

Fig. 1.3- Valores do critério adimensional de eficiência energética de UHE de pequena capacidade com acionamento elétrico para os casos de carga variável da HPI, na condição de consumo de energia eléctrica da GTI

As Figs. 1.4-1.6 mostram os resultados da avaliação complexa da eficiência energética da HPP de grande capacidade com acionamento elétrico. Os valores do critério adimensional da eficiência energética da HPP com acionamento elétrico KHPP para os casos de carga variável da HPI na HPP com valores da quota de carga da HPI no intervalo de 0 = 0,1...1,0 são aqui apresentados. Os valores do critério adimensional da eficiência energética do compressor de vapor HPI com acionamento elétrico KHPI, de acordo com a investigação [6], são determinados para os valores do coeficiente de desempenho real da HPI na gama $\varphi_r = 0{,}68\ldots6{,}75$. A fonte máxima de calor da HPP para estas condições é a caldeira de água quente alimentada a combustível com

$\eta_{FB} = 0{,}85$. De acordo com [6], o valor da eficiência das redes eléctricas de distribuição em A Ucrânia $\eta_{DG} = 0{,}875$ é tida em conta.

Na fig. 1.4 são mostrados os valores do critério adimensional da eficiência energética da HPP de grande capacidade com acionamento elétrico, na condição de consumo de energia eléctrica do sistema energético da Ucrânia. Nesta investigação, de acordo com [6], são tidos em conta os seguintes valores: valor médio da eficiência das centrais eléctricas na Ucrânia $\eta_{EPP} = 0{,}383$ e o valor da eficiência total da produção, fornecimento e conversão de energia eléctrica para a HPI de grande capacidade com acionamento elétrico $\eta_{EP} = 0{,}301$.

A Fig. 1.5 mostra os valores do critério adimensional de eficiência energética da UHE de grande capacidade com acionamento elétrico, na condição de consumo de energia elétrica do SGI. De acordo com [6], a pesquisa leva em conta: o valor da eficiência do SGI $\eta_{EPP} = \eta_{SGI} = 0{,}55$ e o valor da eficiência total de geração, fornecimento e conversão de energia elétrica para a UHE de grande capacidade com acionamento elétrico $\eta_{EP} = 0{,}433$.

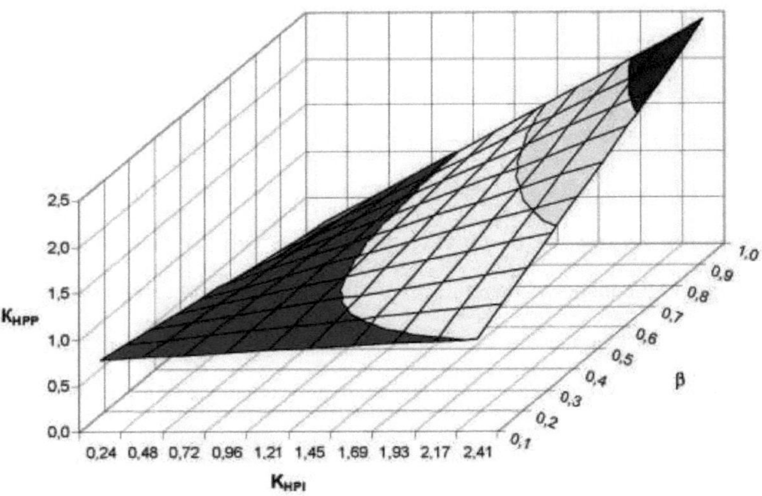

Fig. 1.4- Valores do critério adimensional de eficiência energética de UHE de grande capacidade com para os casos de carga variável da HPI, na condição de consumo de energia eléctrica do sistema energético sistema energético da Ucrânia

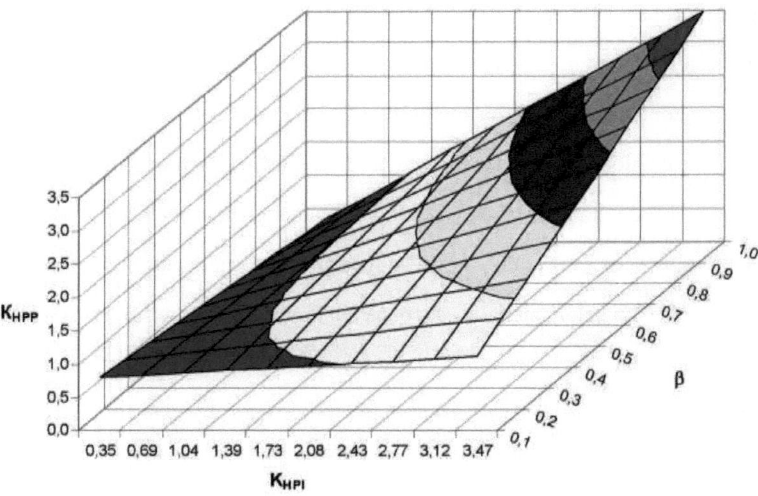

Fig. 1.5- Valores do critério adimensional de eficiência energética de UHE de grande capacidade com acionamento elétrico para os casos de carga variável da HPI, na condição de consumo de energia eléctrica do SGI

Fig. 1.4 mostra os valores do critério adimensional de eficiência energética de uma UHE de grande capacidade com acionamento elétrico, na condição de consumo de energia elétrica a partir do GTI. Esta investigação, de acordo com [6], tem em conta: o valor da eficiência da GTI^ EPP = ^ GTI = 0,33 e o valor da eficiência total da produção, fornecimento e conversão de energia eléctrica para a HPI de grande capacidade com acionamento elétrico^ EP = 0,26.

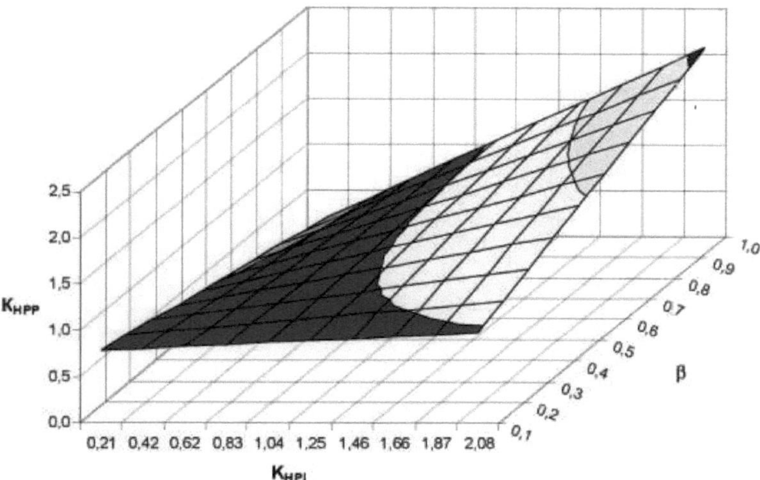

Fig. 1.6- Valores do critério adimensional de eficiência energética de UHE de grande capacidade com acionamento elétrico para os casos de carga variável da HPI, na condição de consumo de energia eléctrica da GTI

Com base na análise dos resultados da investigação, realizada [10-12], são determinados os valores óptimos do índice 0 para HPP em várias fontes de calor com diferentes tipos de acionamento do compressor HPI em modos de funcionamento variáveis do sistema de aquecimento.

Nas figs. 1.7-1.9 são mostrados os resultados da avaliação complexa da eficiência energética de uma HPP de pequena capacidade com acionamento elétrico para valores óptimos da quota de carga da HPI 0. Os valores do critério adimensional de eficiência energética da HPP com acionamento elétrico KHPP para os casos de carga variável de HPI dentro da HPP são mostrados aqui. A investigação é realizada para os casos de carga variável sazonal da HPI dentro da HPP para valores óptimos da quota de carga da HPI no intervalo de 0 = 0,16...0,63 [10-12], que corresponde aos modos de operação de temperatura do sistema de fornecimento de calor .

Os valores do critério de eficiência energética da HPI com acionamento elétrico KHPI correspondem aos valores do coeficiente de desempenho real da HPI no intervalo φ_r = 0,6.6,0. A fonte de calor de pico da HPP para estas condições é fornecida pela casa da caldeira eléctrica com $\eta_{EB} = 0{,}95$. . De acordo com [6], o valor da eficiência das redes eléctricas distributivas na Ucrânia $\eta_{DG} = 0{,}875$ é tido em conta.
A Fig. 1.7 mostra os valores do critério adimensional de eficiência energética de uma central hidroelétrica de pequena capacidade com acionamento elétrico para valores óptimos de HPI 0 de quota de carga, na condição de consumo de energia eléctrica do sistema energético da Ucrânia.

Este estudo, em conformidade com [6], tem em conta: o valor médio da eficiência das centrais eléctricas na Ucrânia $\eta_{EPP} = 0{,}383$ e o valor da eficiência total de
ciência de produção, fornecimento e conversão de energia eléctrica para HPI de pequena capacidade com acionamento elétrico $\eta_{EP} = 0{,}268$.
A Fig. 1.8 mostra os valores do critério adimensional da eficiência energética de uma central hidroelétrica de pequena capacidade com acionamento elétrico para valores óptimos de HPI 0, na condição de consumo de energia eléctrica do SGI. De acordo com [6], esta investigação tem em conta: o valor da eficiência do SGI $\eta_{EPP} = \eta_{SGI}$ = 0,55 e o valor da eficiência total de produção, fornecimento e conversão de energia eléctrica para HPI de pequena capacidade com acionamento elétrico $\eta_{EP} = 0{,}385$.

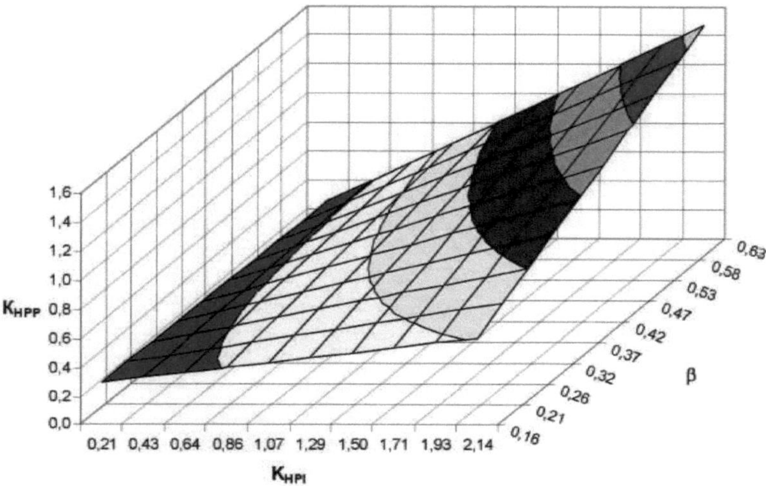

Fig. 1.7- Valores do critério adimensional de eficiência energética de UHE de pequena capacidade com para valores óptimos da quota de carga da HPI, na condição de consumo de energia eléctrica do sistema energético sistema energético da Ucrânia

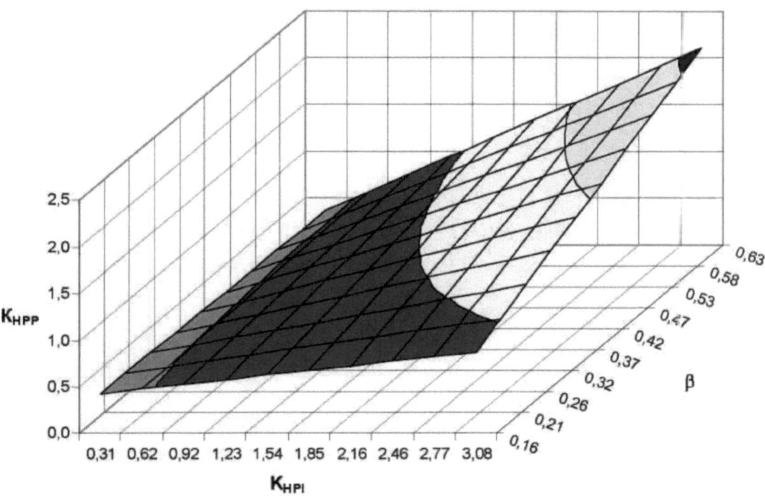

Fig. 1.8- Valores do critério adimensional de eficiência energética de UHE de pequena capacidade com acionamento elétrico para valores óptimos de quota de carga da HPI, na condição de consumo de energia eléctrica do SGI

A Fig. 1.9 mostra os valores do critério adimensional de eficiência energética de uma UHE de pequena capacidade com acionamento elétrico para valores óptimos de HPI 0 de carga, na condição de consumo de energia eléctrica do GTI. Esta investigação, de acordo com [6], tem em conta: o valor da eficiência do GTI $\eta_{EPP} = \eta_{GTI} = 0{,}33$ e o valor da eficiência total da produção, fornecimento e conversão de energia eléctrica para a HPI de pequena capacidade com acionamento elétrico $\eta_{EP} = 0{,}231$.

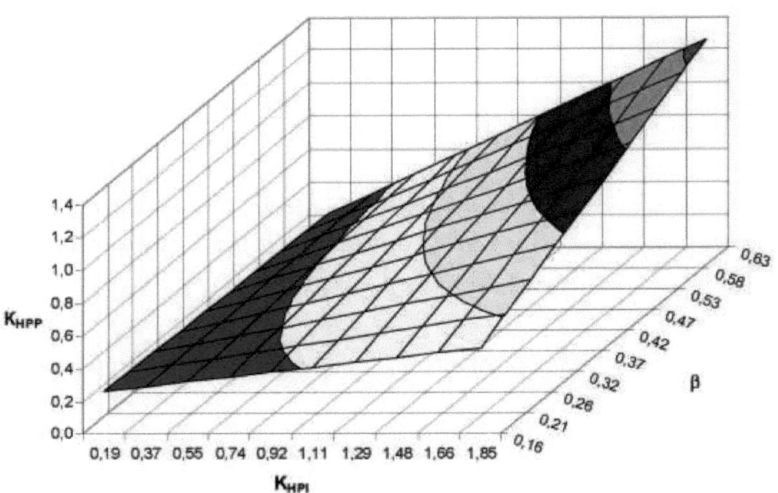

Fig. 1.9- Valores do critério adimensional de eficiência energética de UHE de pequena capacidade com acionamento elétrico para valores óptimos da quota de carga da HPI, na condição de consumo de energia eléctrica da GTI

As Figs. 1.10-1.12 mostram os resultados da avaliação complexa da eficiência energética da HPP de grande capacidade com acionamento elétrico para valores óptimos da quota de carga HPI 0. Os valores do critério adimensional de eficiência energética da HPP com acionamento elétrico KHPP para os casos de carga variável de HPI na HPP são aqui apresentados. A pesquisa foi realizada para os casos de carga variável sazonal de HPI dentro da HPP para valores óptimos da quota de carga de HPI no intervalo de 0 = 0,16... .0,63 [10-12], que corresponde aos modos de operação de temperatura do sistema de fornecimento de calor. Os valores do critério de eficiência energética da HPI com acionamento elétrico KHPI correspondem aos valores do coeficiente de desempenho real da HPI na gama de $\varphi_r = 0,68...$ $.6,75$. A fonte de calor de pico da HPP para estas condições é a caldeira a combustível de água quente com $\eta_{FB} = 0,85$. De acordo com [6], o valor da eficiência das redes eléctricas distributivas na Ucrânia $\eta_{DG} = 0,875$ é considerado na contagem de CA.

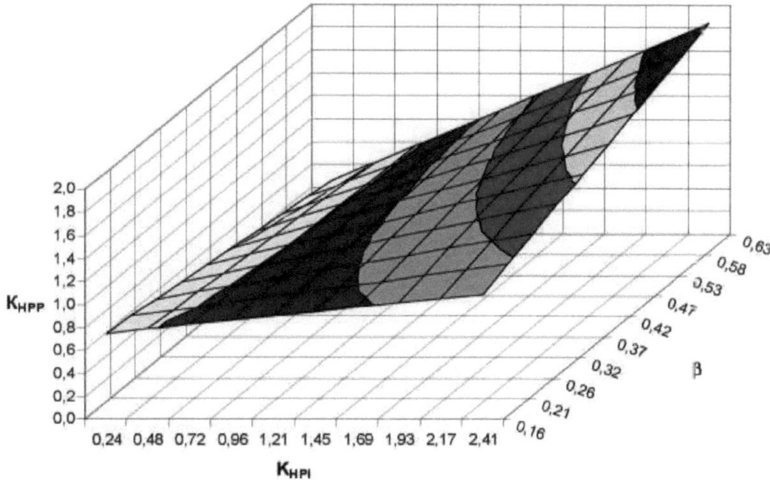

Fig. 1.10 - Valores do critério adimensional de eficiência energética da UHE de grande capacidade com para valores óptimos da quota de carga da HPI, na condição de consumo de energia eléctrica do sistema energético da Ucrânia sistema energético da Ucrânia

A Fig. 1.10 mostra os valores do critério adimensional da eficiência energética da HPP de grande capacidade com acionamento elétrico para valores óptimos da quota de carga HPI 0, na condição de consumo de energia eléctrica do sistema energético da Ucrânia. Esta investigação, de acordo com [6], tem em conta: o valor médio da eficiência das centrais eléctricas na Ucrânia $\eta_{EPP} = 0,383$ e o valor da eficiência total da produção, fornecimento e conversão de energia eléctrica para a HPI de grande capacidade com acionamento elétrico $\eta_{EP} = 0,301$.

A Fig. 1.11 mostra os valores do critério adimensional da eficiência energética de uma central hidroelétrica de grande capacidade com acionamento elétrico para valores óptimos de HPI 0, na condição de consumo de energia eléctrica do SGI. De acordo com [6], esta investigação tem em conta: o valor da eficiência do SGI $\eta_{EPP} = \eta_{SGI} = 0,55$ e o valor da eficiência total de produção, fornecimento e conversão de energia eléctrica para HPI de grande capacidade com acionamento elétrico $\eta_{EP} = 0,433$.

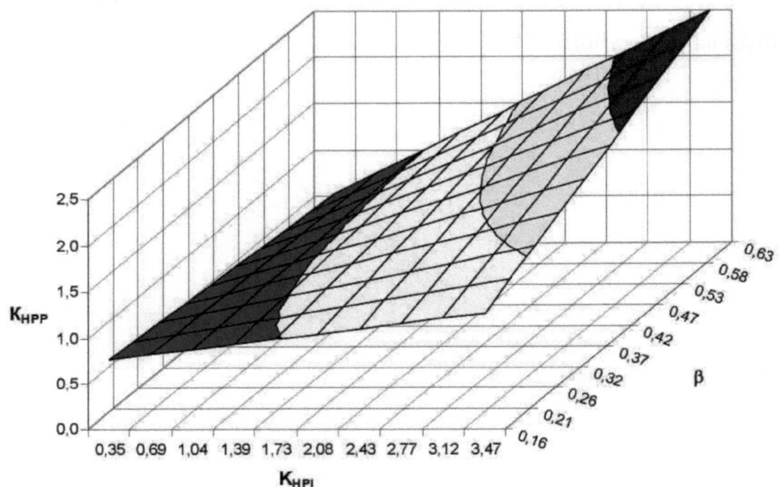

Fig. 1.11- Valores do critério adimensional de eficiência energética da UHE de grande capacidade com acionamento elétrico para valores óptimos da quota de carga da HPI, na condição de consumo de energia eléctrica do SGI

A Fig. 1.12 mostra os valores do critério adimensional de eficiência energética de uma central hidroelétrica de grande capacidade com acionamento elétrico para valores óptimos de HPI 0, na condição de consumo de energia eléctrica do GTI. O estudo efectuado, de acordo com [6], tem em conta: o valor da eficiência do GTI $\eta_{EPP} = \eta_{GTI} = 0,33$ e o valor da eficiência total ciência de produção, fornecimento e conversão de energia eléctrica para HPI de grande capacidade com acionamento elétrico $\eta_{EP} = 0,26$.

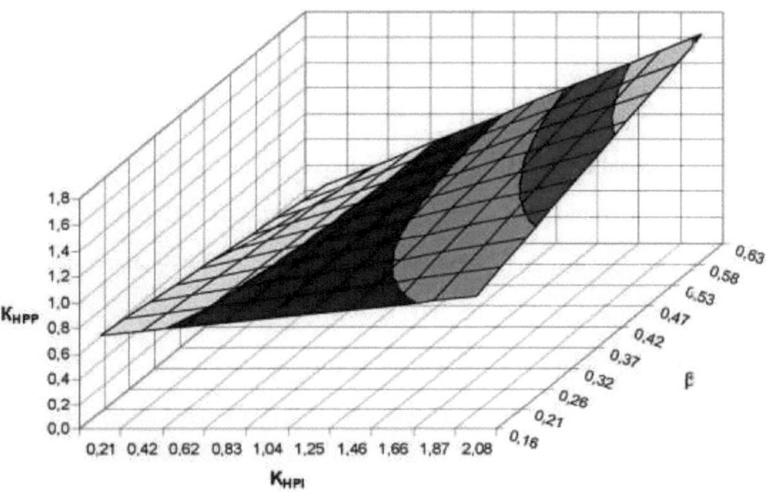

Fig. 1.12 - Valores do critério adimensional de eficiência energética da UHE de grande capacidade com para valores óptimos da quota de carga da HPI, na condição de consumo de energia eléctrica da GTI Para realizar uma avaliação complexa da eficiência energética de diferentes variantes de UHE com acionamento elétrico, para além das abordagens acima mencionadas, sugerimos a utilização dos resultados das investigações [6-15]. Conclusões

Sugere-se a abordagem relativa à avaliação complexa da eficiência energética de instalações de bombas de calor com compressor de vapor com acionamento elétrico, tendo em conta o impacto complexo dos modos de funcionamento variáveis da HPP, as fontes de pico de calor da HPP, as fontes de energia de acionamento da HPP, com a consideração das perdas de energia no processo de produção, fornecimento e de energia eléctrica. Desenvolvem-se os fundamentos metodológicos, procede-se à avaliação complexa da eficiência energética da HPP com compressor de vapor e acionamento elétrico, tendo em conta o impacto complexo dos modos de funcionamento variáveis da HPP, as fontes de pico de calor da HPP, as fontes de energia de acionamento da HPP com compressor de vapor, tendo em conta as perdas de energia no processo de geração, fornecimento e conversão de energia eléctrica. A abordagem complexa sugerida, destinada à avaliação da eficiência energética da HPP com compressor de vapor e acionamento elétrico, tem várias vantagens :

— permite avaliar o impacto complexo dos modos de funcionamento variáveis da HPP, as fontes de pico de calor da HPP, as fontes de energia de acionamento do compressor de vapor da HPP acionada eletricamente, tendo em conta as perdas de energia no processo de produção, fornecimento e conversão de energia eléctrica;

— tem em conta os modos de funcionamento do compressor de vapor HPI;

— tem em conta os modos de funcionamento variáveis da HPP para o fornecimento de calor durante o ano, com a alteração da distribuição da carga entre o compressor de vapor da amónia HPI e a fonte de pico de calor da HPP;

— tem em conta o impacto das fontes de energia de acionamento do compressor de vapor da HPP, com a contabilização das perdas de energia no processo de produção, fornecimento e conversão de energia eléctrica para a HPP;

— tem em conta a eficiência energética de uma HPP com compressor de vapor de vários níveis de capacidade com acionamento elétrico;

— tem em conta o impacto das fontes de calor de pico do compressor de vapor da HPP e o tipo de energia consumida, com a consideração das perdas de energia no processo de produção e fornecimento de energia às fontes de calor de pico;

— como resultado de uma abordagem complexa da avaliação da eficiência energética de uma central hidroelétrica, é possível escolher a fonte de calor de pico mais eficiente para um determinado tipo de central hidroelétrica com compressor de vapor;

— Os fundamentos metodológicos sugeridos podem ser aplicados para a avaliação da eficiência energética da HPP com compressor de vapor com diferentes refrigerantes, fontes de calor a baixa temperatura e soluções de esquema de HPI;

— permite avaliar de forma complexa a eficiência energética de um número considerável de variantes de UHE com compressor de vapor e acionamento elétrico.

Para realizar uma avaliação complexa da eficiência energética de diferentes variantes de UHE com acionamento elétrico, para além das abordagens acima mencionadas, propomos utilizar os resultados das investigações [6-15].

Capítulo 2

2 AVALIAÇÃO COMPLEXA DA EFICIÊNCIA ENERGÉTICA DE INSTALAÇÕES DE BOMBAS DE CALOR COM COMPRESSOR DE VAPOR COM MOTOR DE COGERAÇÃO

Em condições de elevado custo dos recursos energéticos, aumento da procura de energia eléctrica nas horas de pico de consumo (especialmente no período de aquecimento) como resultado da deficiência da potência de produção eléctrica existente na Ucrânia e do não acordo recorrente dos horários de produção e consumo, a fim de reduzir a carga no sistema energético da Ucrânia, a tecnologia de criação de capacidades de produção de energia, com base em instalações combinadas de cogeração e bomba de calor, torna-se muito atual nas condições modernas. Esta tecnologia permite a aplicação de instalações combinadas de cogeração e bomba de calor, permitindo diminuir o consumo de gás natural ou alternativo em 30-45%, em comparação com instalações de caldeiras com a mesma capacidade [8], e obter energia eléctrica mais barata, em comparação com a energia da rede (em 30-40%). Nas condições de aplicação de instalações combinadas de cogeração-bomba de calor com base em caldeiras municipais e industriais existentes, é possível obter um maior efeito - criação de centrais de bombas de calor com acionamento de cogeração dos compressores das bombas de calor. O acionamento de cogeração dos compressores das bombas de calor pode ser realizado com base em motores-geradores a gás, fabricados pelas empresas ucranianas "Pervomayskdizelmach" e pela empresa estatal "V. O. Malyshev plant".

Tendo em consideração a atualidade do problema, foram realizadas numerosas investigações destinadas ao estudo da eficiência da utilização das instalações de bombas de calor em esquemas térmicos de fontes de fornecimento de energia [6-12, 16-20]. Em [8] os autores realizaram investigações, visando o aumento da eficiência energética das fontes de fornecimento de calor, utilizando HPI com acionamento elétrico e de cogeração, tendo em conta o impacto das soluções de esquema e modos de operação. Em [16] é efectuada a análise comparativa de direcções promissoras para o aumento da eficiência dos sistemas de fornecimento de energia, com base em instalações de cogeração de pequena potência, sendo sugeridos esquemas térmicos de sistemas integrados de fornecimento de energia complexos. Estudos de sistemas integrados de fornecimento complexo de energia [16], realizados com base em colectores solares , fontes geotérmicas de calor, bombas de calor do tipo compressor e de absorção, permitiram, com base na análise numérica, determinar as condições óptimas do seu funcionamento. Na investigação [17], os autores avaliaram a eficiência económica da cogeração e das instalações combinadas de cogeração-bomba de calor com motores de pistão a gás e de turbina a gás. No entanto, na investigação [17], os autores sugeriram uma abordagem simplificada para a avaliação da eficiência energética da HPI apenas através do coeficiente de desempenho, que não tem em conta todas as perdas de energia, relacionadas com a geração de calor na HPI. Em [18], o autor efectuou a análise comparativa da eficiência técnico-económica das bombas de calor com o acionamento de instalações de cogeração de pistões a gás e caldeiras de água quente a gás nos sistemas de abastecimento de água quente. A publicação [19] contém os resultados do estudo do esquema de fornecimento de energia eléctrica e térmica (mini-TEP) com cargas reguladas, baseado na utilização de bombas de calor. Na pesquisa [19] são analisadas três variantes dos esquemas térmicos: esquema com instalações de cogeração e bomba de calor, fornecendo energia eléctrica à rede, esquema com instalações de cogeração e bomba de calor e tanque de bateria de armazenamento, fornecendo energia eléctrica à rede, esquema com instalações de cogeração e bomba de calor, sem fornecimento de energia eléctrica à rede. A fonte de calor da HPI nesta investigação é a utilização de águas residuais não tratadas. Na investigação [19] os autores sugeriram uma abordagem simplificada para a avaliação da eficiência energética da HPI: a abordagem dada não tem em consideração todas as perdas de energia, ligadas à produção de calor na HPI. Os esquemas térmicos, sugeridos na investigação [19], podem ser utilizados apenas para satisfazer as necessidades de abastecimento de água quente e estes esquemas podem fornecer apenas parcialmente o aquecimento de energia.

Em [6] são determinados os modos de funcionamento reais eficientes de HPI com accionamentos eléctricos e de cogeração, tendo em conta o impacto das fontes de energia de acionamento das bombas de calor com compressor de vapor e as perdas de energia no processo de geração, fornecimento e conversão de energia eléctrica para HPI. As vantagens energéticas das bombas de calor de compressor de vapor com accionamentos eléctricos e de cogeração são analisadas na investigação [7].

Nas publicações [9, 20] são determinadas as condições prévias energéticas e económicas para a integração eficiente da HPP nos sistemas de fornecimento de calor de empresas industriais e serviços públicos municipais na Ucrânia . Em [10] é avaliada a eficiência energética, ecológica e económica da HPP com vários tipos de acionamento do compressor em fontes naturais e industriais de calor de baixa temperatura, tendo em conta os modos de funcionamento variáveis dos sistemas de fornecimento de calor numa vasta gama de alterações de potência da HPI. Os resultados do estudo da eficiência energética da HPP com várias fontes de calor, em condições de modos de funcionamento variáveis, são apresentados em [11]. Em [12] é avaliada a eficiência energética ecológica da HPP com vários tipos de acionamento do compressor em fontes naturais e industriais de calor de baixa temperatura em condições de modos de funcionamento variáveis dos sistemas de fornecimento de calor. Em [6-12, 16-20] os autores não efectuaram uma avaliação complexa da eficiência energética da HPP com compressor de vapor com acionamento de cogeração, tendo em conta o impacto complexo dos modos de funcionamento variáveis da HPP, as fontes de pico de calor da HPP, as fontes de energia de acionamento da HPP com compressor de vapor de diferentes níveis de potência, tendo em conta as perdas de energia no processo de produção, fornecimento e conversão de energia eléctrica.

O objetivo da investigação é o desenvolvimento de fundamentos metódicos e a realização de uma avaliação complexa da eficiência energética das instalações de bombas de calor com compressor de vapor com acionamento de cogeração, tendo em conta o impacto complexo dos modos de funcionamento variáveis da HPP, fontes de pico de calor da HPP, fontes de energia de acionamento da HPP com compressor de vapor de vários níveis de potência, tendo em conta as perdas de energia no processo de produção, fornecimento e conversão de energia eléctrica.

No complexo de investigação é avaliada a eficiência energética do compressor de vapor da HPP com HPI de pequena (até 1 MW) e grande potência com acionamento de cogeração a partir do motor-gerador de pistão a gás (GPE). O acionamento por cogeração das bombas de calor tem vantagens em relação ao acionamento elétrico, porque permite evitar perdas adicionais de energia no processo das suas transmissões e proporciona a utilização do calor dos gases combustíveis após o motor a gás, e proporciona uma melhor eficiência energética A HPP com acionamento por cogeração pode fornecer parcial ou totalmente os auxiliares com energia eléctrica. O esquema de uma determinada HPP é apresentado em [8].

A eficiência energética da HPP é largamente determinada pela distribuição óptima da carga entre a instalação da bomba de calor e a fonte de calor de pico (por exemplo, caldeira de água quente alimentada a combustível , caldeira eléctrica, colectores solares, etc.) no âmbito da HPP. Esta distribuição é caracterizada pela quota de carga da HPI na estrutura da HPP 0, que é determinada como uma relação entre a capacidade térmica da HPI e a capacidade da HPP 0 = QHPI/QHPP. Para a HPP com unidade de cogeração, o valor da capacidade térmica da HPI é determinado, tendo em conta a capacidade do equipamento de utilização da unidade de cogeração $Q_{HPI} = Q_c + \Sigma Q_{ut}$, onde Q_c - capacidade do condensador da HPI, ΣQ_{ut} - capacidade do equipamento de utilização da unidade de cogeração da HPI.

A partir da análise da pesquisa realizada [10-12], são determinados os valores óptimos do índice 0 para a HPP com cogeração em várias fontes de calor, no caso de modos de funcionamento variáveis dos sistemas de aquecimento. Cada um destes modos corresponde a um determinado valor de potência térmica da HPP, HPI e parte do HPI com carga 0. Os resultados do estudo da eficiência energética da HPP com cogeração, na condição de modos de funcionamento variáveis para várias fontes de calor de baixa temperatura são apresentados em [11].

Na nossa investigação é analisada a eficiência energética do sistema "Fonte de energia de acionamento da HPP - HPP - consumidor de calor da HPP" no exemplo das bombas de calor de compressor de vapor com acionamento de cogeração. A vantagem desta abordagem é ter em consideração as perdas de energia no processo de produção, fornecimento e conversão de energia eléctrica para a HPI e a fonte de calor de pico, a fim de determinar os modos de funcionamento eficientes da HPP com unidade de cogeração.

Sugere-se a realização de uma avaliação complexa da eficiência energética de uma UHE com compressor de vapor e acionamento de cogeração, aplicando um critério complexo sem dimensão de eficiência energética de UHE:

$$K_{HPP} = (1-\beta) \cdot K_{PSH} + \beta \cdot K_{HPI}, \qquad (2.1)$$

onde KPSH - critério adimensional de eficiência energética da fonte de calor de pico no âmbito da HPP (caldeira de água quente alimentada a combustível, caldeira eléctrica, colectores solares, etc.),

KHPI - critério adimensional de eficiência energética do compressor de vapor HPI com acionamento de cogeração no âmbito da HPP.

O critério sem dimensão da eficiência energética do compressor de vapor HPI com acionamento de cogeração KHPI é sugerido na investigação [6]. É obtido com base na equação de balanço energético para o sistema "Fonte de energia de acionamento do HPI - HPI - consumidor de calor do HPI", tendo em conta o impacto das fontes de energia de acionamento do compressor de vapor HPI e tendo em conta as perdas de energia no processo de geração, fornecimento e conversão de energia eléctrica para o HPI.

Para o compressor de vapor HPI com acionamento por cogeração, o critério de eficiência energética sem dimensões terá a forma [6]:

$$K_{HPI} = Q_{HPI}/Q_h = \eta_{EP} \cdot \varphi \cdot \eta_{hf}, \qquad (2.2)$$

em que Q_h - potência, gasta pelo motor-gerador de pistões a gás para a produção de energia eléctrica para o acionamento do HPI,

η_{EP} - fator de eficiência total da produção, fornecimento e conversão de energia eléctrica a partir de [6],

φ- coeficiente de desempenho do compressor de vapor HPI,

η_{hf}- fator de eficiência do fluxo de calor, que tem em conta as perdas de energia e a substância de trabalho nas tubagens e no equipamento da HPI.

Para a HPI com cogeração pode ser definido o fator de eficiência total de produção, fornecimento e conversão de energia eléctrica, de acordo com [6]:

$$\eta_{EP} = \eta_{EGPE} \cdot \eta_{ED}, \quad (2.3)$$

em que η_{EGPE} - fator de eficiência do motor de pistão a gás;

η_{ED}- fator de eficiência do motor elétrico, tendo em conta as perdas de energia na unidade de controlo do motor de [6].

Para o compressor de vapor HPI com acionamento por cogeração, o critério de eficiência energética sem dimensões terá a forma [6]:

$$K_{HPI} = Q_{HPI}/Q_h = \eta_{EP} \cdot \varphi \cdot \eta_{hf} = \eta_{EGPE} \cdot \eta_{ED} \cdot \varphi \cdot \eta_{hf}. \quad (2.4)$$

Na condição $K_{HPI}= 1$ a instalação da bomba de calor fornece ao consumidor a mesma potência térmica que foi consumida para a produção de energia eléctrica para o acionamento HPI. Quanto maior for o valor deste índice, mais eficiente e competitiva será a bomba de calor.

Na pesquisa [6] o método de determinação das esferas de uso eficiente do compressor de vapor HPI com acionamento por cogeração pelo índice adimensional de eficiência energética HPI K_{HPI}, levando em consideração o impacto das fontes de energia de acionamento do compressor de vapor HPI e levando em consideração as perdas de energia no processo de geração, fornecimento e conversão de energia elétrica para HPI.

O critério adimensional da eficiência energética da fonte de calor de pico - caldeira eléctrica - no âmbito da HPP K_{PSH} pode ser obtido a partir da equação do balanço energético para os sistemas "Fonte de energia eléctrica - caldeira eléctrica - consumidor de calor da HPP", tendo em conta o impacto das fontes de energia para a fonte de calor de pico (caldeira eléctrica) e tendo em conta as perdas de energia no processo de produção e fornecimento de energia eléctrica à caldeira eléctrica.

Em geral, para a caldeira eléctrica como fonte de calor de pico para a central hidroelétrica, o critério adimensional de eficiência energética tem a forma

$$K_{PSH} = Q_{EB}/Q_h = \eta_{EP}^{b} \cdot \eta_{EB}, \qquad (2.5)$$

em que Q_{EB} - capacidade térmica da caldeira eléctrica de água quente, que pode ser definida como $Q_{EB} = Q_{HPP} - Q_{HPI}$;

Q_h - potência, gasta pela central eléctrica para a produção de energia eléctrica,

η_{EP}^{b} - A eficiência total da produção e fornecimento de energia eléctrica à caldeira eléctrica é determinada pela fórmula: $\eta_{EP}^{b} = \eta_{EPP} \cdot \eta_{DG}$, onde η_{EPP} - valor médio da fator de eficiência das centrais eléctricas na Ucrânia ou fontes alternativas de energia eléctrica para HPI (com base em instalações de vapor-gás (SGI), instalações de turbinas a gás (GTI), centrais solares de ciclo termodinâmico (SPP), centrais de energia eólica (WEP)), da investigação [6]; η_{DG} - fator de eficiência das redes eléctricas distributivas na Ucrânia, de [6],

η_{EB} - fator de eficiência da caldeira eléctrica.

No caso da utilização de uma central hidroelétrica com compressor de vapor com cogeração e caldeira eléctrica de pico, o fator de eficiência total da produção e fornecimento de energia eléctrica à caldeira eléctrica pode ser definido como $\eta_{EP}^{b} = \eta_{EGPE} \cdot \eta_{ED}$ no caso da utilização de energia eléctrica
energia proveniente da unidade de cogeração de HPI ou pela fórmula acima referida para os casos de consumo de energia eléctrica do sistema energético com base em fontes convencionais ou alternativas de energia eléctrica.

Em seguida, será definido o critério adimensional de eficiência energética da caldeira eléctrica como fonte de calor de pico para a UHE, para os casos de consumo de energia eléctrica do sistema energético:

$$K_{PSH}^{ES} = \eta_{EPP} \cdot \eta_{DG} \cdot \eta_{EB}. \qquad (2.6)$$

No caso de utilização na caldeira eléctrica da energia eléctrica proveniente da unidade de cogeração da HPI, será definido o critério adimensional de eficiência energética da caldeira eléctrica como fonte de calor de pico para a HPP:

$$K_{PSH}^{EC} = \eta_{EGPE} \cdot \eta_{ED} \cdot \eta_{EB} = \eta_{EP}^{b} \cdot \eta_{EB} . \qquad (2.7)$$

O critério adimensional da eficiência energética da fonte de calor de pico - caldeira a combustível de água quente - no âmbito da UHE K_{PSH} pode ser obtido, a partir da equação do balanço energético para os sistemas "Fontes de energia eléctrica e combustível - caldeira a combustível - consumidor de calor da UHE", tendo em conta o impacto das fontes de energia para a fonte de calor de pico (caldeira a combustível) e tendo em conta as perdas de energia no processo de geração e fornecimento de energia eléctrica à caldeira (casa da caldeira). Neste caso, o consumo de energia eléctrica pela fonte de calor de pico da HPP - caldeira a combustível - não está diretamente relacionado com o processo de produção de calor na caldeira e a parte do consumo de energia eléctrica pelos auxiliares é muito pequena, pelo que não influencia praticamente os valores do índice K_{PSH}.

Para a caldeira a combustível como fonte de calor de pico para a HPP, o critério adimensional de eficiência energética terá a forma:

$$K_{PSH}^{FB} = Q_{FB}/Q_{f} = \eta_{FB} , \qquad (2.8)$$

em que Q_{FB} - capacidade térmica da caldeira de água quente alimentada a combustível, que pode ser definida como Q_{FB}= Qhpp - Q_{HPI};

Q_f - potência, gasta para a produção de energia térmica resultante da queima de combustível na caldeira,

η_{FB} eficiência da caldeira de água quente alimentada a combustível ou da casa das caldeiras alimentadas a combustível (para centrais hidroeléctricas de grande potência).

Para os casos de utilização de fontes alternativas de calor de pico na HPP (por exemplo, colectores solares para HPP de pequena potência), o valor do critério adimensional de energia a eficiência da fonte de calor de pico para a HPP K_{PSH} será igual à eficiência da fonte de calor de pico alternativa^ $_{APSH}$ ou à eficiência do sistema adicional com fonte de calor de pico alternativa η^{s}_{APSH}.

Deve notar-se que o critério complexo e adimensional da eficiência energética da HPP KHPP também pode ser utilizado para a seleção da fonte de calor de pico mais eficiente para um determinado tipo de HPP com compressor de vapor.

A abordagem complexa sugerida para a avaliação da eficiência energética de uma central hidroelétrica com compressor de vapor e cogeração tem uma série de vantagens:

— permite avaliar o impacto complexo de modos de funcionamento variáveis da HPP, fontes de pico de calor da HPP, fontes de energia de acionamento do compressor de vapor da HPP com acionamento de cogeração, tendo em conta as perdas de energia no processo de produção, fornecimento e conversão de energia eléctrica;

— tem em conta os modos de funcionamento do compressor de vapor HPI;

— tem em conta os modos de funcionamento variáveis da HPP para o fornecimento de calor durante o ano com a alteração da distribuição da carga entre o compressor de vapor HPI e a fonte de calor de pico da HPP;

— tem em conta o impacto das fontes de energia de acionamento do compressor de vapor da HPP de vários níveis de potência, tendo em conta as perdas de energia no processo de produção, fornecimento e conversão de energia eléctrica para a HPP;

— tem em conta a eficiência energética das centrais hidroeléctricas com compressor de vapor de vários níveis de potência com motor de cogeração;

— tem em consideração o impacto das fontes de calor de pico do compressor de vapor da HPP e o tipo de energia consumida, tendo em conta as perdas de energia no processo de produção e fornecimento de energia às fontes de calor de pico;

— como resultado de uma abordagem complexa da avaliação da eficiência energética da HPP com a unidade de cogeração, pode ser efectuada a seleção da fonte de calor de pico mais eficiente para um determinado tipo de HPP com compressor de vapor;

— Os fundamentos metodológicos sugeridos podem ser utilizados para a avaliação da eficiência energética da HPP com compressor de vapor com vários refrigerantes, fontes de calor a baixa temperatura e soluções de esquema de HPI;

— permite avaliar de forma complexa a eficiência energética de um número considerável de variantes de UHE com compressor de vapor e acionamento por cogeração.

A aplicação dos fundamentos metodológicos sugeridos para a avaliação complexa da eficiência energética de uma central hidroelétrica com cogeração será demonstrada em exemplos específicos.

As Figs. 2.1-2.4 mostram os resultados da avaliação complexa da eficiência energética da HPP de pequena potência com acionamento por cogeração. Os valores do critério adimensional da eficiência energética da central hidroelétrica com motor de cogeração KHPP são apresentados para os casos de carga variável de HPI dentro da estrutura da central hidroelétrica com os valores da quota de carga de HPI na gama de P = 0,1...1,0-

Os valores do critério adimensional da eficiência energética do compressor de vapor HPI com acionamento de cogeração KHPI, de acordo com a investigação [6], são definidos para os valores do coeficiente de desempenho real da HPI no intervalo φ_r = 0,83.6,23. A fonte de calor de pico da HPP para tais condições é fornecida: casa de caldeira eléctrica com η_{EB} = 0,95 (Figs. 2.1-2.3) e casa de caldeira a combustível de água quente com η_{FB} = 0,85 (Fig. 2.4). Pela fórmula (2.3), de acordo com [6], para HPI de pequenos níveis de potência com unidade de cogeração, o valor do fator de eficiência total de geração, fornecimento e conversão de energia eléctrica para HPI é η_{EP} = 0,28.

A Fig. 2.1 mostra os valores do critério adimensional de eficiência energética da pequena potência HPP com unidade de cogeração, na condição de consumo de energia eléctrica por fonte de calor de pico (caldeira eléctrica) do sistema energético da Ucrânia. Nesta investigação, de acordo com [6], são tidos em conta os seguintes valores: valor médio do fator de eficiência das centrais eléctricas na Ucrânia $\eta_{EPP} = 0,383$ e fator de eficiência valor das redes eléctricas de distribuição na Ucrânia $\eta_{DG} = 0,875$.

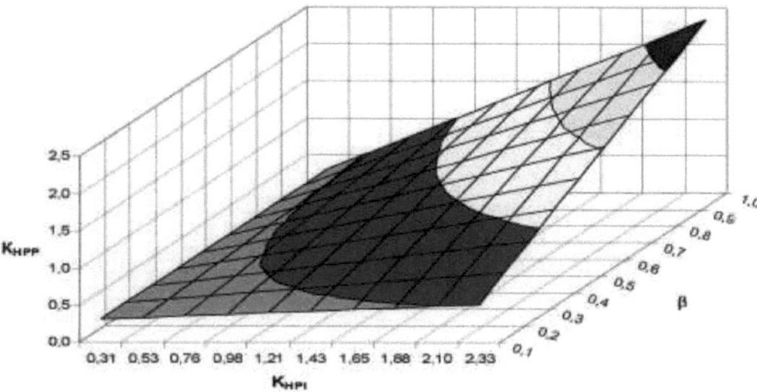

Fig. 2.1- Valores do critério adimensional de eficiência energética de uma PCH de pequena potência com acionamento por cogeração com motor de cogeração, na condição de consumo de energia eléctrica por fonte de calor de pico (caldeira eléctrica) do sistema energético da Ucrânia

A Fig. 2.2 mostra os valores do critério adimensional da eficiência energética de uma pequena central hidroelétrica com cogeração, na condição de consumo de energia eléctrica da fonte de calor de pico (caldeira eléctrica) do SGI. De acordo com [6], nesta investigação, são tidos em conta os seguintes valores: valor do fator de eficiência do SGI $\eta_{EPP} = \eta_{SGI} =$ 0,55 e valor do fator de eficiência das redes eléctricas de distribuição na Ucrânia $\eta_{DG} = 0,875$.

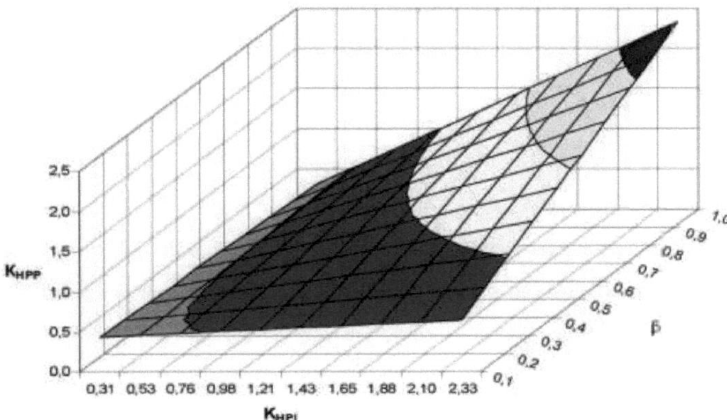

Fig. 2.2 - Valores do critério adimensional de eficiência energética de UHE de pequena potência com acionamento por cogeração em condição de consumo de energia eléctrica pela fonte de calor de pico (caldeira eléctrica) do SGI

A Fig. 2.3 mostra os valores do critério adimensional de eficiência energética da PCH de pequena potência com cogeração, na condição de consumo de energia eléctrica pela fonte de calor de pico (caldeira eléctrica) da cogeração da PCH.

Nesta investigação, de acordo com [6], são tidos em conta os seguintes valores: valor da eficiência efectiva da GPE de pequena potência $\eta_{EGPE} = 0,35$ e o valor efi

fator de eficiência do motor elétrico, tendo em conta as perdas de energia na unidade de controlo do motor, de acordo com [6], $\eta_{ED} = 0,8$.

A Fig. 2.4 mostra os valores do critério adimensional de eficiência energética de uma pequena central hidroelétrica com cogeração, na condição de se utilizar uma caldeira de água quente como fonte de calor de pico da central.

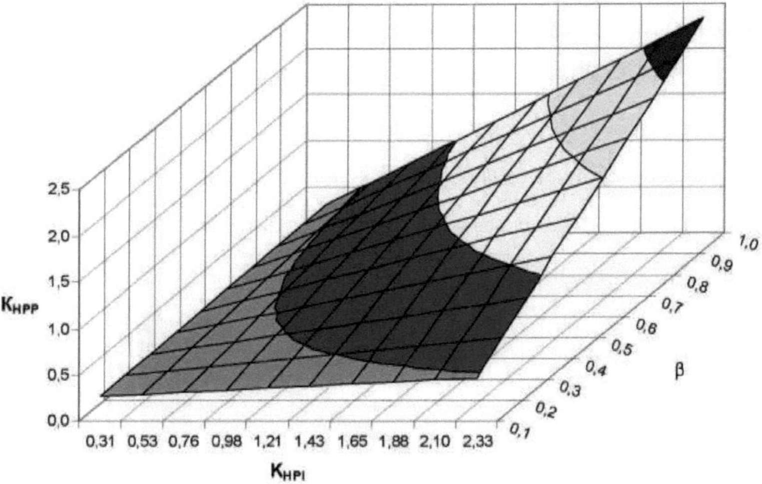

Fig. 2.3- Valores do critério adimensional de eficiência energética de uma PCH de pequena potência com acionamento por cogeração cogeração, na condição de consumo de energia eléctrica pela fonte de calor de pico (caldeira eléctrica) da cogeração da HPI

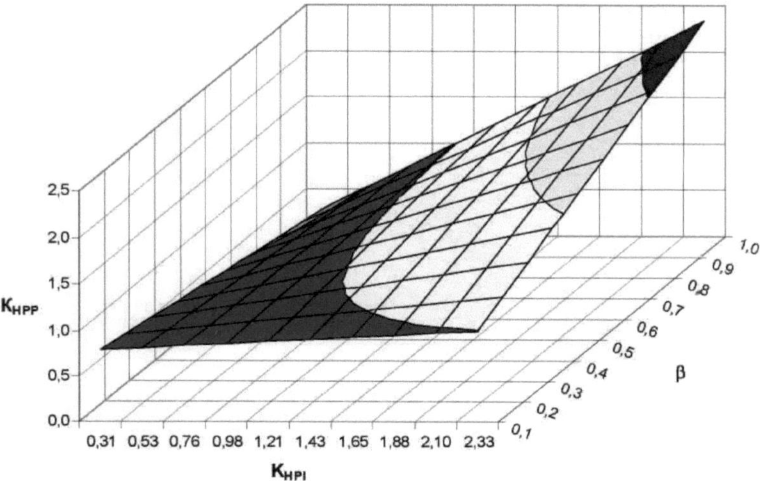

Fig. 2.4- Valores do critério adimensional de eficiência energética de uma UHE de pequena potência com acionamento por cogeração com acionamento por cogeração, na condição de se utilizar uma caldeira de água quente como fonte de calor de pico da central

A Fig. 2.5 mostra os resultados da avaliação complexa da eficiência energética de uma central hidroelétrica de grande potência com motor de cogeração. Os valores do critério adimensional da eficiência energética da HPP com unidade de cogeração KHPP são apresentados para os casos de carga variável da HPI na estrutura da HPP com os valores da quota de carga da HPI na gama de P = 0,1...1,0. Os valores do critério adimensional da eficiência energética do compressor de vapor HPI com acionamento de cogeração KHPI, de acordo com a investigação [6], são determinados para os valores do coeficiente de desempenho real da HPI no intervalo φ_r = 0,93.7,01. A casa da caldeira a combustível de água quente com $\eta_{FE} = 0,85$ é fornecida como HPP fonte de calor máxima para estas condições.

Pela fórmula (2.3), de acordo com [6], para HPI de grandes níveis de potência com acionamento de cogeração, o valor do fator de eficiência total no processo de geração, fornecimento e conversão de energia elétrica para HPI é $\eta_{EP} = 0,378$.

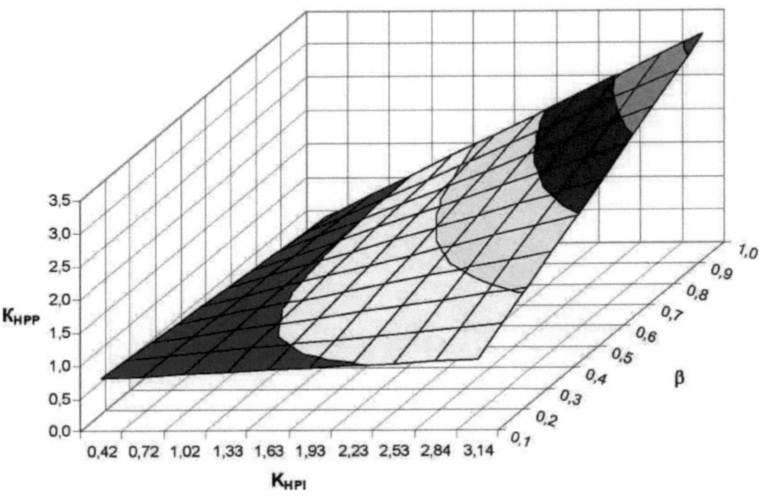

Fig. 2.5- Valores do critério adimensional de eficiência energética de UHE de grande potência com acionamento por cogeração com acionamento por cogeração, na condição de utilizar a caldeira de água quente como fonte de calor de pico da central

Comparando os resultados da pesquisa, mostrados nas Figs. 2.1-2.3 e Figs. 2.4-2.5, pode-se tirar as conclusões de que a utilização de caldeiras a combustível como fonte de calor de pico na central de cogeração tem vantagens em comparação com a utilização de caldeiras eléctricas de pico com diferentes variantes de fontes de energia eléctrica, o que é confirmado por valores mais elevados do critério adimensional da eficiência energética da fonte de calor de pico no âmbito da central de cogeração K_{PsH} e do critério adimensional da eficiência energética da central de cogeração com unidade de cogeração K_{HPp} para vários modos de funcionamento da central de cogeração.

A partir da análise dos resultados da investigação (Figs. 2.1-2.5), definiu-se que, para as centrais hidroeléctricas de grande potência com motor de cogeração e caldeira de pico de combustível, são registados valores mais elevados do critério adimensional de eficiência energética da central hidroelétrica K_{HPP} para todos os modos de funcionamento estudados, em comparação com outras variantes de centrais hidroeléctricas.

É visto nas Figs. 2.1-2.5 que, para os casos $K_{HPI} < K_{PSH}$, o valor do critério adimensional de eficiência energética da HPP com cogeração KHPP diminuirá com o aumento da quota de carga HPI 0. Para outros casos, o valor do critério adimensional de eficiência energética da HPP com cogeração K_{HPP} aumentará com o aumento da quota de carga HPI 0.

A partir da análise dos resultados da investigação realizada [10-12], são definidos valores óptimos do índice 0 para a HPP em várias fontes de calor com diferentes tipos de acionamento do compressor HPI em modos de funcionamento variáveis do sistema de aquecimento.

As Figs. 2.6-2.9 mostram os resultados da avaliação complexa da eficiência energética de uma pequena central hidroelétrica com motor de cogeração para valores óptimos da quota de carga da HPI 0. Os valores do critério adimensional da eficiência energética da central hidroelétrica com motor de cogeração K_{HPP} são mostrados para os casos de carga variável da HPI dentro da estrutura da central hidroelétrica.

A investigação é realizada para os casos de carga variável sazonal da HPI no âmbito da HPP para valores óptimos da quota de carga da HPI no intervalo de 0 = 0,16... .0,63 [10-12], que corresponde aos modos de operação de temperatura do sistema de fornecimento de calor. Os valores do critério de eficiência energética da HPI com acionamento de cogeração KHPI correspondem aos valores do coeficiente de desempenho real da HPI no intervalo φ_r = 0,83... .6,23. A fonte de calor de pico para a HPP para estas condições é fornecida: casa da caldeira eléctrica com $\eta_{EB} = 0{,}95$ (Figs. 2.6-2.8) e casa da caldeira a combustível de água quente com $\eta_{FB} = 0{,}85$ (Fig. 2.9). Pela fórmula (2.3), de acordo com [6], para a HPI de pequenos níveis de potência com unidade de cogeração, o valor do fator de eficiência total da produção, fornecimento e conversão de energia eléctrica em HPI é $\eta_{EP} = 0{,}28$.

A Fig. 2.6 mostra os valores do critério adimensional da eficiência energética de uma pequena central hidroelétrica com unidade de cogeração para valores óptimos da quota de carga HPI 0, na condição de consumo de energia eléctrica por fonte de calor de pico (caldeira eléctrica) do sistema energético da Ucrânia. Nesta investigação, de acordo com [6], são tidos em conta os seguintes valores: valor médio do fator de eficiência das centrais eléctricas na Ucrânia $\eta_{EPP} = 0{,}383$ e valor do fator de eficiência das redes eléctricas de distribuição em

Ucrânia $\eta_{DG} = 0,875$. A Fig. 2.7 mostra os valores do critério adimensional da energia eficiência da PCH de pequena potência com cogeração para valores óptimos da quota de carga 0 da HPI, na condição de consumo de energia eléctrica pela fonte de calor de pico (caldeira eléctrica) do SGI. De acordo com [6], nesta investigação, são tidos em conta os seguintes valores: valor do fator de eficiência do SGI $\eta_{EPP} = \eta_{SGI} = 0,55$ e valor do fator de eficiência das redes eléctricas de distribuição na Ucrânia $\eta_{DG} = 0,875$.

A Fig. 2.7 mostra os valores do critério adimensional de eficiência energética da PCH de pequena potência com cogeração para valores óptimos da quota de carga 0 da HPI, na condição de consumo de energia eléctrica pela fonte de calor de pico (caldeira eléctrica) da cogeração da HPI. Nesta investigação, de acordo com [6], são tidos em conta os seguintes valores: valor do fator de eficiência efectiva da GPE de pequena potência $\eta_{EGPE} = 0,35$ e o valor do fator de eficiência do motor elétrico, tendo em conta as perdas de energia na unidade de controlo do motor, de acordo com [6], $\eta_{ED} = 0,8$.

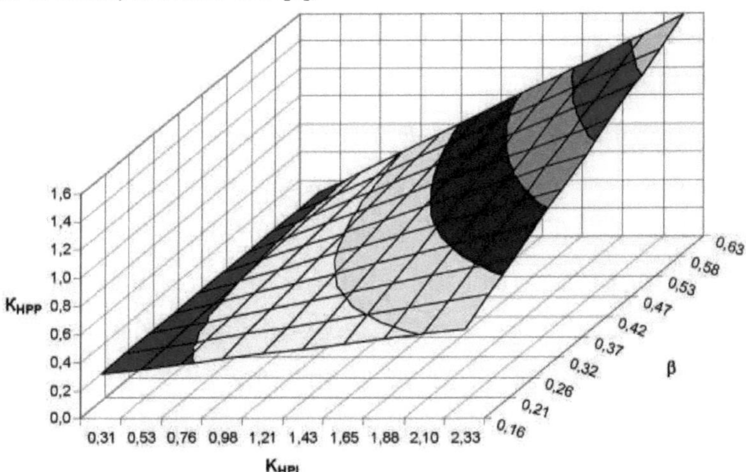

Fig. 2.6 - Valores do critério adimensional de eficiência energética da PCH de pequena potência com cogeração para valores óptimos da quota de carga da HPI, na condição de consumo de energia eléctrica por caldeira eléctrica de pico do sistema energético da Ucrânia

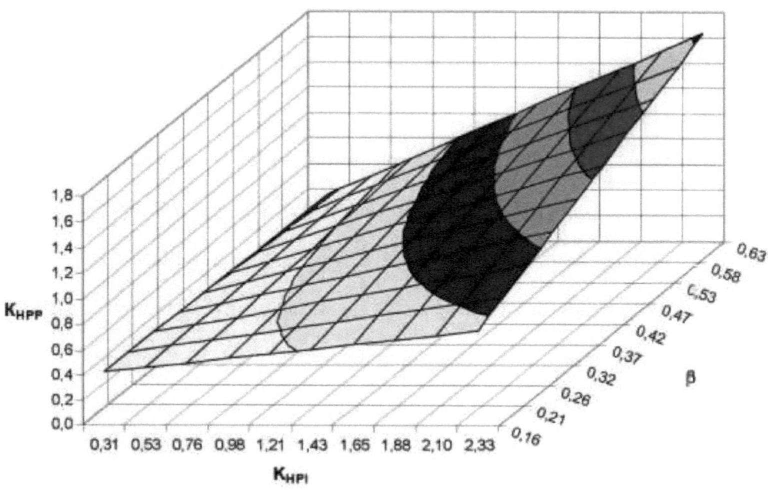

Fig. 2.7 - Valores do critério adimensional de eficiência energética da UHE de pequena potência com cogeração para valores óptimos de quota de carga da HPI, na condição de consumo de energia eléctrica por caldeira eléctrica de pico do SGI

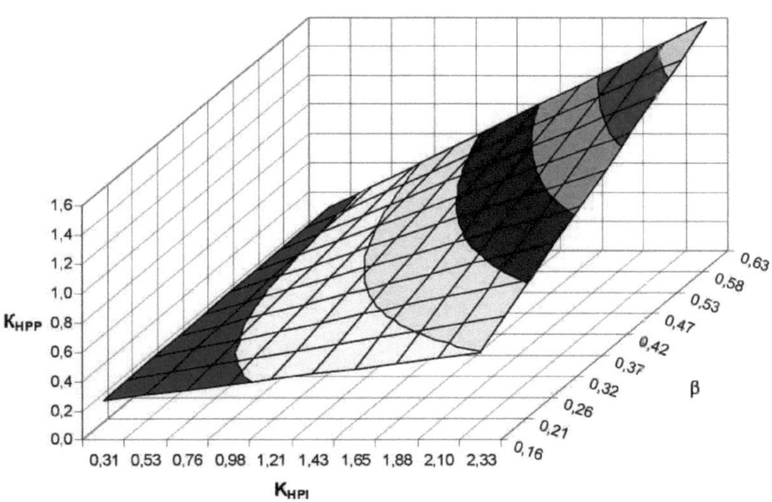

Fig. 2.8 - Valores do critério adimensional de eficiência energética da UHE de pequena potência com cogeração para valores óptimos da quota de carga da HPI, na condição de consumo de energia eléctrica pela caldeira eléctrica de pico do motor de cogeração da HPI

A Fig. 2.9 mostra os valores do critério adimensional de eficiência energética de uma pequena central hidroelétrica com cogeração para valores óptimos da quota de carga 0 da HPI, na condição de utilização de uma caldeira a combustível de água quente como fonte de calor de pico da central.

A Fig. 2.10 mostra os resultados da avaliação complexa da eficiência energética de uma central hidroelétrica de grande potência com cogeração para valores óptimos da quota de carga HPI 0. Os valores do critério adimensional de eficiência energética da HPP com unidade de cogeração KHPp são mostrados para os casos de carga variável sazonal da HPI dentro da estrutura da HPP para valores óptimos da quota de carga da HPI na gama de 0 = 0,16... .0,63 [10-12], que corresponde aos modos de operação de temperatura do sistema de fornecimento de calor.

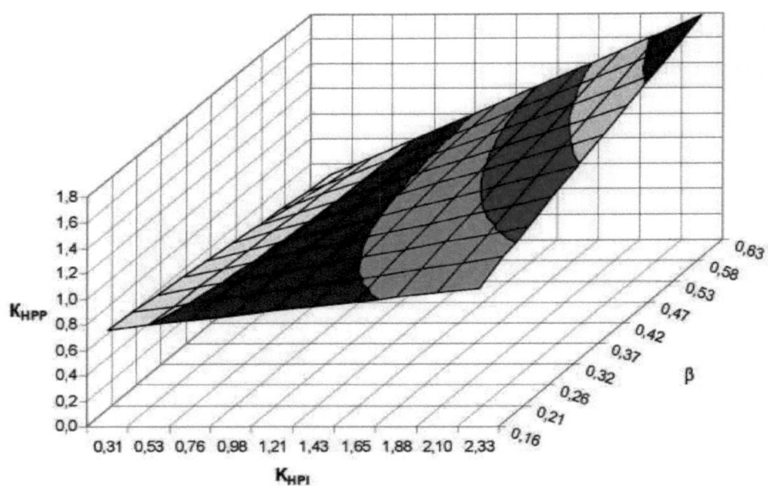

Fig. 2.9 - Valores do critério adimensional de eficiência energética de uma UHE de pequena potência com acionamento por cogeração, para valores ótimos de parcela de carga da UHE, na condição de utilização de caldeira a combustível de água quente como acionamento de cogeração. para valores óptimos da quota de carga da HPI, na condição de utilização de caldeira a combustível de água quente como fonte de calor de pico da HPP

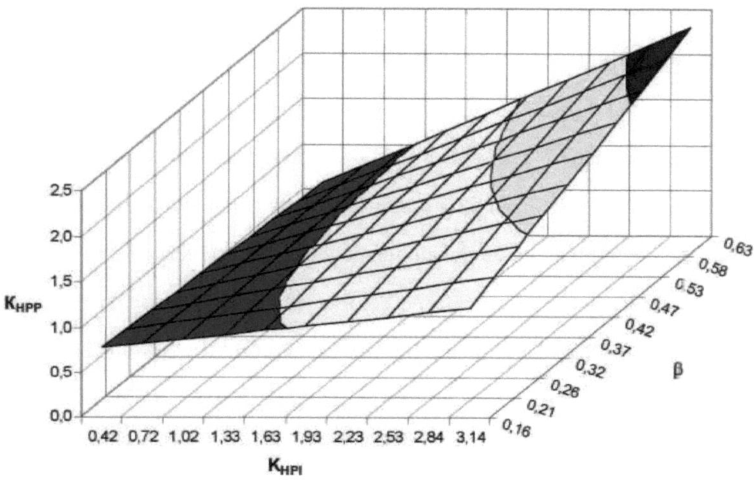

Fig. 2.10 - Valores do critério adimensional de eficiência energética de UHE de grande potência com acionamento por cogeração para valores óptimos da quota de carga da HPI, na condição de utilização de caldeira a combustível de água quente como fonte de calor de pico da HPP

De acordo com a investigação [6], neste caso, os valores do critério de eficiência energética da HPI com acionamento de cogeração KHPI correspondem aos valores do coeficiente de desempenho real da HPI no intervalo de φ_r = 0,93...7,01. A fonte de calor de pico para a HPP nestas condições será a casa da caldeira alimentada a combustível de água quente com $\eta_{FB} = 0,85$. Pelo para

mula (2.3), de acordo com [6], para HPI de grandes potências com cogeração o valor do fator de eficiência total de geração, fornecimento e conversão de energia eléctrica para HPI é $\eta_{EP} = 0,378$.

A partir da análise dos resultados da investigação (Figs. 2.6-2.10), determinou-se que, no caso de modos de funcionamento óptimos, para a central hidroelétrica de grande potência com unidade de cogeração e caldeira a combustível de pico, são registados valores mais elevados do critério sem dimensão da eficiência energética da central hidroelétrica KHPP, em comparação com outras variantes investigadas da central hidroelétrica.

Para efetuar uma avaliação complexa da eficiência energética de diferentes variantes de centrais hidroeléctricas com cogeração, para além das abordagens acima mencionadas, propomos utilizar os resultados de investigações [6-15, 21-22].

Conclusões

Sugere-se uma abordagem que visa a avaliação complexa da eficiência energética de centrais de bombas de calor com compressor de vapor com acionamento por cogeração, tendo em conta o impacto complexo de modos de funcionamento variáveis da HPP, fontes de pico de calor para a HPP, fontes de energia de acionamento para a HPP de vários níveis de potência, tendo em consideração as perdas de energia no processo de produção, fornecimento e conversão de energia eléctrica.

Foram desenvolvidos fundamentos metodológicos para a avaliação complexa da eficiência energética de uma HPP com compressor de vapor e acionamento por cogeração, tendo em conta o impacto complexo dos modos de funcionamento variáveis da HPP, as fontes de pico de calor da HPP, a energia de acionamento geral da HPP com compressor de vapor de vários níveis de potência, tendo em conta as perdas de energia no processo de produção, fornecimento e conversão de energia eléctrica,

foi efectuado.

A abordagem complexa sugerida para a avaliação da eficiência energética da central hidroelétrica com compressor de vapor com acionamento por cogeração tem uma série de vantagens:

— permite avaliar o impacto complexo de modos de funcionamento variáveis da HPP, fontes de pico de calor da HPP, fontes de energia de acionamento do compressor de vapor da HPP com acionamento de cogeração, tendo em conta as perdas de energia no processo de produção, fornecimento e conversão de energia eléctrica;

— tem em consideração os modos de funcionamento do compressor de vapor HPI;

— tem em consideração os modos de funcionamento variáveis da HPP para o fornecimento de calor durante o ano, com a alteração da distribuição da carga entre o compressor de vapor HPI e a fonte de calor de pico HPP;

— tem em consideração o impacto das fontes de energia de acionamento do compressor de vapor da HPP de vários níveis de potência, tendo em conta as perdas de energia no processo de produção, fornecimento e conversão de energia eléctrica para a HPP;

— tem em consideração a eficiência energética das centrais hidroeléctricas com compressor de vapor de vários níveis de potência com acionamento da cogeração;

— tem em consideração o impacto das fontes de calor de pico do compressor de vapor da HPP e o tipo de energia consumida por elas, tendo em consideração as perdas de energia no processo de produção e fornecimento de energia às fontes de calor de pico;

— Como resultado de uma abordagem complexa da avaliação da eficiência energética da HPP com a unidade de cogeração, pode ser feita a escolha da fonte de calor de pico mais eficiente para um determinado tipo de HPP com compressor de vapor;

— Os fundamentos metodológicos sugeridos podem ser utilizados para a avaliação da eficiência energética da HPP com compressor de vapor com vários refrigerantes, fontes de calor a baixa temperatura e soluções de esquema de HPI;

— permite avaliar de forma complexa a eficiência energética de numerosas variantes de UHE com compressor de vapor e acionamento por cogeração. Para efetuar uma avaliação complexa da eficiência energética de diferentes variantes de HPP com motor de cogeração, para além das abordagens acima mencionadas, propomos utilizar os resultados de investigações [6-15, 21-22].

CONCLUSÕES

A abordagem relativa à avaliação complexa da eficiência energética das instalações de bombas de calor com compressor de vapor e acionamento elétrico, tendo em conta o impacto complexo dos modos de funcionamento variáveis da HPP, as fontes de pico de calor da HPP, as fontes de energia de acionamento da HPP, com a consideração das perdas de energia no processo de produção, fornecimento e conversão de energia eléctrica, é sugerida na secção 1 da monografia.

São desenvolvidos fundamentos metodológicos, é efectuada uma avaliação complexa da eficiência energética da HPP de compressor de vapor com acionamento elétrico, tendo em conta o impacto complexo dos modos de funcionamento variáveis da HPP, as fontes de pico de calor da HPP, as fontes de energia de acionamento da HPP de compressor de vapor, com a consideração das perdas de energia no processo de produção, fornecimento e conversão de energia eléctrica.

A abordagem complexa sugerida, destinada a avaliar a eficiência energética de uma HPP com compressor de vapor e acionamento elétrico, tem várias vantagens:

— permite avaliar o impacto complexo dos modos de funcionamento variáveis da HPP, as fontes de pico de calor da HPP, as fontes de energia de acionamento do compressor de vapor da HPP acionada eletricamente, tendo em conta as perdas de energia no processo de produção, fornecimento e conversão de energia eléctrica;

— tem em conta os modos de funcionamento do compressor de vapor HPI;

— tem em conta os modos de funcionamento variáveis da HPP para o fornecimento de calor durante o ano, com a alteração da distribuição da carga entre o compressor de vapor da amónia HPI e a fonte de pico de calor da HPP;

— tem em conta o impacto das fontes de energia de acionamento do compressor de vapor da HPP, com a contabilização das perdas de energia no processo de produção, fornecimento e conversão de energia eléctrica para a HPP;

— tem em conta a eficiência energética de uma HPP com compressor de vapor de vários níveis de capacidade com acionamento elétrico;

— tem em conta o impacto das fontes de calor de pico do compressor de vapor da HPP e o tipo de energia consumida, com a consideração das perdas de energia no processo de produção e fornecimento de energia às fontes de calor de pico;

— como resultado de uma abordagem complexa da avaliação da eficiência energética de uma central hidroelétrica, é possível escolher a fonte de calor de pico mais eficiente para um determinado tipo de central hidroelétrica com compressor de vapor;

— Os fundamentos metodológicos sugeridos podem ser aplicados para a avaliação da eficiência energética da HPP com compressor de vapor com diferentes refrigerantes, fontes de calor a baixa temperatura e soluções de esquema de HPI;

— permite avaliar de forma complexa a eficiência energética de um número considerável de variantes de UHE com compressor de vapor e acionamento elétrico.

Para realizar uma avaliação complexa da eficiência energética de diferentes variantes de UHE com acionamento elétrico, para além das abordagens acima mencionadas, propomos utilizar os resultados das investigações [6-15].

A abordagem, que visa a avaliação complexa da eficiência energética das instalações de bombas de calor com compressor de vapor com acionamento de cogeração, tendo em conta o impacto complexo dos modos de funcionamento variáveis da HPP, as fontes de pico de calor para a HPP, as fontes de energia de acionamento para a HPP de vários níveis de potência, tendo em conta as perdas de energia no processo de produção, fornecimento e conversão de energia eléctrica, é sugerida na secção 2 da monografia.

Foram desenvolvidos os fundamentos metodológicos, foi realizada uma avaliação complexa da eficiência energética da HPP com compressor de vapor com acionamento por cogeração, tendo em conta o impacto complexo dos modos de funcionamento variáveis da HPP, as fontes de pico de calor da HPP, a energia de acionamento geral da HPP com compressor de vapor de vários níveis de potência, tendo em conta as perdas de energia no processo de produção, fornecimento e conversão de energia eléctrica.

A abordagem complexa sugerida para a avaliação da eficiência energética de uma central hidroelétrica com compressor de vapor e acionamento por cogeração tem uma série de vantagens:

— permite avaliar o impacto complexo de modos de funcionamento variáveis da HPP, fontes de pico de calor da HPP, fontes de energia de acionamento do compressor de vapor da HPP com acionamento de cogeração, tendo em conta as perdas de energia no processo de produção, fornecimento e conversão de energia eléctrica;

— tem em consideração os modos de funcionamento do compressor de vapor HPI;

— tem em consideração os modos de funcionamento variáveis da HPP para o fornecimento de calor durante o ano com a alteração da distribuição da carga entre o compressor de vapor HPI e a fonte de calor de pico HPP;

— tem em consideração o impacto das fontes de energia de acionamento do compressor de vapor da HPP de vários níveis de potência, tendo em conta as perdas de energia no processo de produção, fornecimento e conversão de energia eléctrica para a HPP;

— tem em consideração a eficiência energética das centrais hidroeléctricas com compressor de vapor de vários níveis de potência com acionamento da cogeração;

— tem em consideração o impacto das fontes de calor de pico do compressor de vapor da HPP e o tipo de energia consumida por elas, tendo em consideração as perdas de energia no processo de produção e fornecimento de energia às fontes de calor de pico;

— como resultado de uma abordagem complexa da avaliação da eficiência energética da HPP com a unidade de cogeração, pode ser feita a escolha da fonte de calor de pico mais eficiente para um determinado tipo de HPP com compressor de vapor;

— Os fundamentos metodológicos sugeridos podem ser utilizados para a avaliação da eficiência energética da HPP com compressor de vapor com vários refrigerantes, fontes de calor a baixa temperatura e soluções de esquema de HPI;

— permite avaliar de forma complexa a eficiência energética de numerosas variantes de UHE com compressor de vapor e acionamento por cogeração.

Para efetuar uma avaliação complexa da eficiência energética de diferentes variantes de centrais hidroeléctricas com cogeração, para além das abordagens acima mencionadas, propomos utilizar os resultados de investigações [6-15, 21-22].

REFERÊNCIAS

Isanova A.. V. Aumento da eficiência e seleção de parâmetros racionais e modos de funcionamento de estações de bombas de calor para sistemas de aquecimento e abastecimento de água quente : resumo da dissertação. ... Candidato de Ciências Técnicas: 05.23.03 / Isano-va Anna Vladimirovna. - Voronezh, 2011. - 18 c.

Denisova A. S. Ciclo de vapor-compressor Anapz de estações de bombagem de calor de fornecimento de calor / A. S. Denisova, V. Y. Biryuk // Proc. da Universidade Politécnica de Odessa. Universidade Politécnica de Odessa, 2012. - Vyp.1 (38). - C. 125-128.

Bezrodniy, M. K. Thermodynamic efficiency of heat pumping schemes of heat supply / M. K. Bezrodniy, N. O. Pritula // V^nik VP1. - 2013. - №3. - C. 39-45.

Ilyin, R. A. New approach to the efficiency evaluation of heat pumps / R. A. Ilyin, A. K. Ilyin // Vestnik of ASTU. Ser.: Engenharia e tecnologia marinhas. - 2010. - № 2. - C. 83-87.

Elistratov S. L. Investigação complexa da eficiência das bombas de calor : dissertação de doutoramento : 01.04.14 / Elistratov Sergey L.. - Novosibirsk, 2010. - 383 c.

Eficiência energética das bombas de calor de compressor de vapor com acionamento elétrico e de cogeração [Recurso eletrónico] / O. P. Ostapenko, V. V. Vakhtanov. P. Ostapenko, V. V. Leshchenko, R. O. Tikhonenko // Trabalhos científicos da Universidade Técnica Nacional de Vinnytsia. - 2014. - №4. - T11e modo de acesso à revista: http://works.vntu.edu.ua/in-dex.php/works/article/view/25/25.

Vantagens energéticas da aplicação de bombas de calor de compressor de vapor com acionamento elétrico e de cogeração [Recurso eletrónico] / O. P.

Ostapenko. P. Ostapenko, V. V. Leshchenko, R. O. Tikhonenko // Trabalhos científicos da Universidade Técnica Nacional de Vinnytsia. - 2015. - №1. - T11e modo de acesso é para a revista: http://works.vntu.edu.ua/index.php/works/article/view/437/435

Tkachenko S. Y. Instalações de bombas de calor por compressão de vapor nos sistemas de fornecimento de calor e eletricidade. Monografia / S. Y. Tkachenko, O. P. Ostapenko. - Vshnitsa: UNVERSUM-Vshnitsa. - 2009. - 176 c.

Ostapenko O. P. Perspectivas das estações de bombagem de calor na Ucrânia / O. P. Ostapenko, O. V. Shevchenko // Tecnologias modernas, materiais e construções na construção: coleção científica e técnica. - Vshnitsa: UN1VER-SUM-Vshnitsa. - 2011. - №2. - C. 132 - 139.

Aspectos energéticos, ecológicos e económicos da eficiência das centrais térmicas que funcionam com fontes de calor naturais e industriais [Recurso eletrónico] / O. P. Ostapenko, Y. P. Ostapenko, Y. V. Bakum, A. V. Yuschishina // Trabalhos científicos da Universidade Técnica Nacional de Vinnytsia. - 2013. - № 3. - O modo de acesso é para a revista: http://works.vntu.edu.ua/index.php/works/article/view/384/382.

Eficiência energética de estações de bombagem de calor com diferentes fontes de calor em condições de modos de funcionamento variáveis [Recurso eletrónico] / O. P. Ostapenko, O. P. Ostapenko, O. V. Shevchenko, O. V. Bakum // Trabalhos científicos da Universidade Técnica Nacional de Vinnytsia. - 2013. - №4. - T11e modo de acesso à revista: http://works. vntu.edu.ua/index.php/works/article/view/394/392.

Eficiência ecológica energética das estações de bombagem de calor, operando com fontes naturais e industriais de calor em modos de operação variáveis [Recurso eletrónico] / O. P. Ostapenko, I. O. Valigura, A. D. Kovalenko // Trabalhos científicos da Universidade Técnica Nacional de

Vinnytsia. - 2013. - № 2. - T1le modo de acesso é para a revista: http://works.vntu.edu.ua/index.php/works/article/view/376/374.

Ostapenko O. P. Methodological foundations of complex assessment of energy efficiency of steam-compressor heat pump stations with electric and cogeneration drive / O. P. Ostapenko // Scientific Works of Vinnytsia National Technical University. - 2015. - Vip. 47. - T. 2. - C. 157 - 162.

Avaliação complexa da eficiência energética das instalações de bomba de calor com compressor de vapor com acionamento elétrico [Recurso eletrónico] / O. P. Ostapenko // Trabalhos científicos da Universidade Técnica Nacional de Vinnytsia. P. Ostapenko // Trabalhos científicos da Universidade Técnica Nacional de Vinnytsia. - 2015. - № 2. - O modo de acesso é para a revista: http://works.vntu.edu.ua/index.php/works/article/view/445/443.

Ostapenko O. P. Engenharia e tecnologia da refrigeração. Bombas Tennoei: um manual / O. P. Ostapenko. - Vshnitsa : VNTU, 2015. - 123 c.

Balasanyan G. A. Effektivshtost' prospective shtegrovannye shtegrovannye sistemy enener-gozabescheniya na bazi pozvolozhnosti cogeneratsp small! capacity (theoretical basis, analysis, optimization) : author's thesis. Doutor em ciências técnicas: 05.14.06 / Balasanyan Gennadsh Albertovich Balasanyan. - Odessa, 2007. - 36 c.

Bileka, B. D. Cost-effectiveness of the cogeneration and combined cogeneration and heat pump installations with gas-piston and gas-turbine engines / B. D. Bileka, R. V. Sergienko, V. Y. Kabkov // Aviation and Space Engineering and Technology. - 2010. - №7(74). - C. 25 - 29.

Nikitin E. E. Eficiência técnica e económica das bombas de calor de ar acionadas por centrais de cogeração de pistão a gás em sistemas de abastecimento de água quente / E. E. Nikitin // Energotechnologii i resursosberezhenie. - 2011. - №4. - C. 19-24.

Safyants, S. M. Investigation of the heat and power supply source scheme with load regulation based on the use of heat pumps / S. M. Safyants, N. V. Kolesnichenko, T. E. Veretennikova // Industrial Heat Engineering. - 2011. - T.33, №3. - C. 79 - 85.

Eficiência económica das estações de bombas de calor para sistemas de fornecimento de calor [Recurso eletrónico] / O. P. Ostapenko, O. E. Veretennikova. P. Ostapenko, O. V. Shevchenko // Trabalhos científicos da Universidade Técnica Nacional de Vinnytsia. - 2011. - № 4. - O modo de acesso à revista é o seguinte: http://works.vntu.edu.ua/index.php/works/article/view/311/309.

Avaliação complexa da eficiência energética de instalações de bombas de calor com compressor de vapor e acionamento de cogeração [Recurso eletrónico] / O. P. Ostapenko. P. Ostapenko // Trabalhos científicos da Universidade Técnica Nacional de Vinnytsia. - 2015. - №3. - O modo de acesso é para a revista: http: //works.vntu.edu.ua/index.php/works/article/view/36 /36.

Eficiência energética dos sistemas de abastecimento de energia, com base em instalações combinadas de bombas de calor de cogeração [Recurso eletrónico] / O. P. Ostapenko. P. Ostapenko, V. V. Leshchenko, R. O. Tikhonenko // Trabalhos científicos da Universidade Técnica Nacional de Vinnytsia. - 2015. - №4. - O modo de acesso é para a revista: http://works.vntu.edu.ua.

Printed by Books on Demand GmbH, Norderstedt / Germany